国家高技术研究发展计划资助项目(863计划)(2012AA062101)
国家自然科学基金项目(51374200,51404249)
江苏省高校优势学科建设工程资助项目(PAPD)
江苏省自然科学基金项目(BK20140201)
贵州省本科高校一流专业建设项目

薄煤层开采

关键技术与装备

Baomeiceng Kaicai

Guanjian Jishu Yu Zhuangbei

屠世浩 王沉 袁永 著

中国矿业大学出版社

China University of Mining and Technology Press

内 容 简 介

本书主要内容包括薄煤层长壁综采工艺评价与决策、薄煤层长壁综采工作面设备选型与配套、薄煤层长壁综采设计及工艺优化技术、快速推进薄煤层综采工作面巷道布置与掘进技术、薄煤层自动化开采安全保障技术、薄煤层自动化综采工艺模式。本书所述研究内容具有前瞻性、先进性和实用性。

本书可供采矿工程及相关专业的科研及工程技术人员参考。

图书在版编目(CIP)数据

薄煤层开采关键技术与装备/屠世浩,王沉,袁永著.
—徐州:中国矿业大学出版社,2017.5
ISBN 978-7-5646-3116-1

Ⅰ.①薄… Ⅱ.①屠… ②王… ③袁… Ⅲ.①薄煤层采煤法 Ⅳ.①TD823.25

中国版本图书馆CIP数据核字(2016)第104321号

书　　名　薄煤层开采关键技术与装备
著　　者　屠世浩　王　沉　袁　永
责任编辑　王美柱
出版发行　中国矿业大学出版社有限责任公司
(江苏省徐州市解放南路　邮编 221008)
营销热线　(0516)83885307　83884995
出版服务　(0516)83885767　83884920
网　　址　http://www.cumtp.com　**E-mail**:cumtpvip@cumtp.com
印　　刷　江苏淮阴新华印刷厂
开　　本　787×1092　1/16　**印张** 9.75　**字数** 243千字
版次印次　2017年5月第1版　2017年5月第1次印刷
定　　价　38.00元

前　言

我国薄煤层储量丰富且煤质较好，在近 80 个矿区的 400 多个矿井中赋存薄煤层，保有工业储量 98.3 亿 t，可采储量约为 65 亿 t，约占全部可采储量的 20%。近年来，我国煤炭开采强度居高不下，“采厚弃薄”的开采方式导致中东部及部分老矿区厚及中厚煤层资源逐渐枯竭，为保证矿井生产能力的均衡和延长矿井服务年限，许多矿区正面临着薄煤层的开采问题，例如，淮北、淮南、淄博、兖州、徐州、大同、新汶、韩城、邯郸、榆林等矿区，薄煤层的开采力度逐年加大，但长期处于“三低一高”的窘境：劳动强度高，机械化程度低，安全程度低，经济效益低，薄煤层采出量仅占全国煤炭产量的 10.4%，与可采储量极不协调。

研究表明，薄煤层综采工艺相对于中厚煤层和厚煤层综采工艺，工作面内的工艺过程基本相同，但受薄煤层综采工作面作业空间狭窄、采高低的制约影响，其主要特点是：工作面设备运转空间有限，人员活动区域小，采煤机跟机操作难度大；薄煤层工作面推进速度快，采掘接替紧张；回采巷道掘进形式均为半煤岩巷；受复杂地质构造、煤厚变化的限制，薄煤层开采水平普遍较低，吨煤成本相对较高；受我国薄煤层赋存特征复杂多样性的制约影响，薄煤层自动化程度普遍偏低，仅在赋存条件适宜的煤层，实施自动化综采技术能够取得一定的技术与经济效果。因此，薄煤层综采工艺体系呈现自身的特有难点，主要包括：工人劳动强度大、“薄煤层、厚装备”问题突出、工艺参数不匹配、系统设计紊乱、自动化程度低及经济效益差等，是制约薄煤层综采技术发展的根本因素。

围绕薄煤层开采的主要技术难点，本书以薄煤层自动化安全高效开采为目标，综合运用理论分析、计算机模拟、工业性试验及现场实测等研究方法，对薄煤层长壁综采工作面采煤方法初选、优选及采煤工艺模式的评价与优选决策、薄煤层长壁综采工作面设备选型与配套专家系统、薄煤层长壁综采设计及工艺优化技术、快速推进薄煤层综采工作面巷道布置与掘进技术、薄煤层自动化综采工艺模式及其安全保障技术进行了系统研究，主要研究成果有：① 构建了以“开采方法初选、开采方法优选及综采工艺模式评价”为中心的薄煤层综采工艺评价与决策支持系统，确定了以经济、技术、人机环境为评价准则的薄煤层采煤方法优选决策指标体系，提出了我国薄煤层综采工艺模式分类策略，设计了薄煤层综采工艺模式优选的神经网络理论模型，实现了给定条件下薄煤层开采方法与综采工艺模式的智能优选。② 建立了基于遗传算法优化的薄煤层综采工作面设备选型与配套专家系统，研发了配套的智能化设备选型决策软件，实现了薄煤层综采工作面关键设备的智能化选型。③ 提出了“以工作面生产为中心”的薄煤层反程序设计及快速推进薄煤层综采工作面“整体降高”采掘系统设计采矿理念，攻克了薄煤层安全高效开采的系统设计难题，开创了薄煤层低成本高效开采的新模式。④ 提出了薄煤层自动化综采工艺模式的精细化分类策略及实施方案，开发了复杂条件薄煤层综采工作面预设截割轨迹自动化综采工艺新模式，构建了以“工作面地质异常体超前勘探、采煤机定姿定位、工作面视频监控、工作面围岩控制智能决策、隔尘与降尘、瓦斯超限防控及生产系统集控”为基础的薄煤层自动化开采安全保障技术体系，完善了薄煤层自动化综采工艺决策支持系统。

课题组万志军教授、方新秋教授、杨真教授、王方田副教授、张磊副教授、屠洪盛讲师、白庆升博士后、程敬义博士后、高杰老师参与了部分研究工作；博士研究生张村、朱德福、郝定溢，硕士研究生宋启、杨乾龙、陈敏、张艳伟、闫瑞龙、李波、魏坤、冯星、魏陆海、卜永强、李向阳、马行生、邬雨泽、杨振乾、刘志恒、陈忠顺、张新旺、魏宏民、刘汉祥、孟朝贵、袁超峰、梁宁宁、赵宾、李岗、叶志伟、郭建达、鄢朝兴、韩连昌、刘琼等参与了部分研究的试验及现场实测工作，在此表示感谢。同时，本书的研究工作得到了冀中能源邯矿集团郭二庄煤矿、徐州中矿大华洋通信设备有限公司、陕西南梁矿业有限公司、陕西汇森凉水井矿业有限责任公司等单位工程技术人员的帮助，在此一并表示感谢！

本书的出版还得到了如下资助：国家高技术研究发展计划863课题“薄煤层开采关键技术及装备”(2012AA062101)、国家自然科学基金项目(51374200，51404249)、江苏省高校优势学科建设工程资助项目(PAPD)、江苏省自然科学基金项目(BK20140201)。

由于笔者水平所限，书中难免存在疏漏和欠妥之处，恳请专家、学者不吝批评和赐教。

著　者

二〇一七年三月

目　录

1 绪 论

1.1 研究背景及意义

我国煤炭资源/储量丰富、地理分布广泛，煤炭在我国一次能源生产中一直占主导地位，近年来，在经济发展的带动下，我国原煤产量持续快速增长，煤炭产量由 2000 年的 10.8 亿 t 一跃上升至 2014 年的 38.7 亿 t，占当年世界煤炭产量的 48.99%。在世界前 10 个产煤国中，我国煤炭年产量相当于另外 9 个国家的煤炭产量之和[1]。多年来，煤炭在我国一次能源生产和消费结构中的比重始终保持在 70%左右，尽管随着天然气、石油、风能等能源日趋广泛的使用，煤炭生产和消费所占比重有所下降，但是截至 2012 年，我国煤炭消费量占一次能源消费的比重依然高达 68.5%，能源资源禀赋的限制决定在短期内我国以煤炭为主的能源供应和消费格局无法改变[2]。

我国薄煤层储量丰富且煤质较好，在近 80 个矿区中的 400 多个矿井赋存薄煤层，保有工业储量 98.3 亿 t，可采储量约为 65 亿 t，约占全部可采储量的 20%[3,4]。根据“十一五”期间统计，极薄煤层（煤厚小于 0.8 m）占 13.98%，薄煤层（煤厚 0.8～1.3 m）占 86.02%[5,6]。表 1-1 为薄煤层在我国主要省份的分布及在煤炭储量中所占的比重[7-10]。

表 1-1　　我国部分省区薄煤层储量统计表

地区	河北	山西	内蒙古	辽宁	吉林	黑龙江	湖南	贵州	河南	四川
储量/亿 t	3.27	13.8	1.97	1.98	0.65	0.44	0.41	4.64	5.24	14.8
比重/%	16.8	17.6	15.1	12.9	18.3	1.35	28.9	37.2	12.3	51.8

近年来，我国煤炭开采强度居高不下，“采厚弃薄”的开采方式导致中东部及部分老矿区厚及中厚煤层资源逐渐枯竭，为均衡矿井生产能力、延长矿井服务年限、提高资源回收率及煤层群卸压开采的需要等，许多矿区正面临着薄煤层的开采问题，例如，淮北、淮南、淄博、兖州、徐州、大同、新汶、韩城、邯郸、榆林等矿区，薄煤层的开采力度逐年加大，但长期面临“劳动强度高、机械化程度低、安全程度低、经济效益差”的技术难题，薄煤层采出量仅占全国煤炭产量的 10.4%[11]，而且还有继续下降的趋势，与可采储量极不协调。为此，“国家中长期科学和技术发展规划纲要（2006—2020）”及“国家‘十二五’科学与技术发展规划”均指出要重点研究深层和复杂矿体采矿技术，薄煤层属于“复杂矿体”，地质结构和开采环境复杂，研究薄煤层开采关键技术及装备有利于煤炭资源的充分利用，符合煤炭开采技术的发展趋势。

研究表明，薄煤层综采相对于中厚煤层和厚煤层综采技术，工作面内的工艺过程基本相同[12]，但受薄煤层综采工作面作业空间狭窄、采高低的制约影响，薄煤层开采呈现自身的特征，主要为：

① 工作面设备运转空间有限，人员活动区域小；

② 薄煤层工作面推进速度快，半煤岩回采巷道掘进速度慢，采掘接替紧张；

③ 薄煤层自动化程度普遍偏低，仅在赋存条件适宜的煤层，实施自动化综采技术能够取得一定的技术与经济效果。

1.2 国内外研究现状

1.2.1 薄煤层矿井开采设计现状

据不完全统计，我国薄煤层采区走向长度主要为 1 000～1 300 m，倾向长度主要为 400～800 m，采区储量一般为 100 万～150 万 t，单个采区一般布置 3～8 个工作面。薄煤层工作面长度主要分布在 125～150 m，采高多在 1.2 m 以上，单面储量不足 20 万 t，回采巷道高度多为 2.5 m 左右，工作面日产量大多低于 2 000 t，万吨掘进率达到 100 m/万 t 以上，如图 1-1 所示。

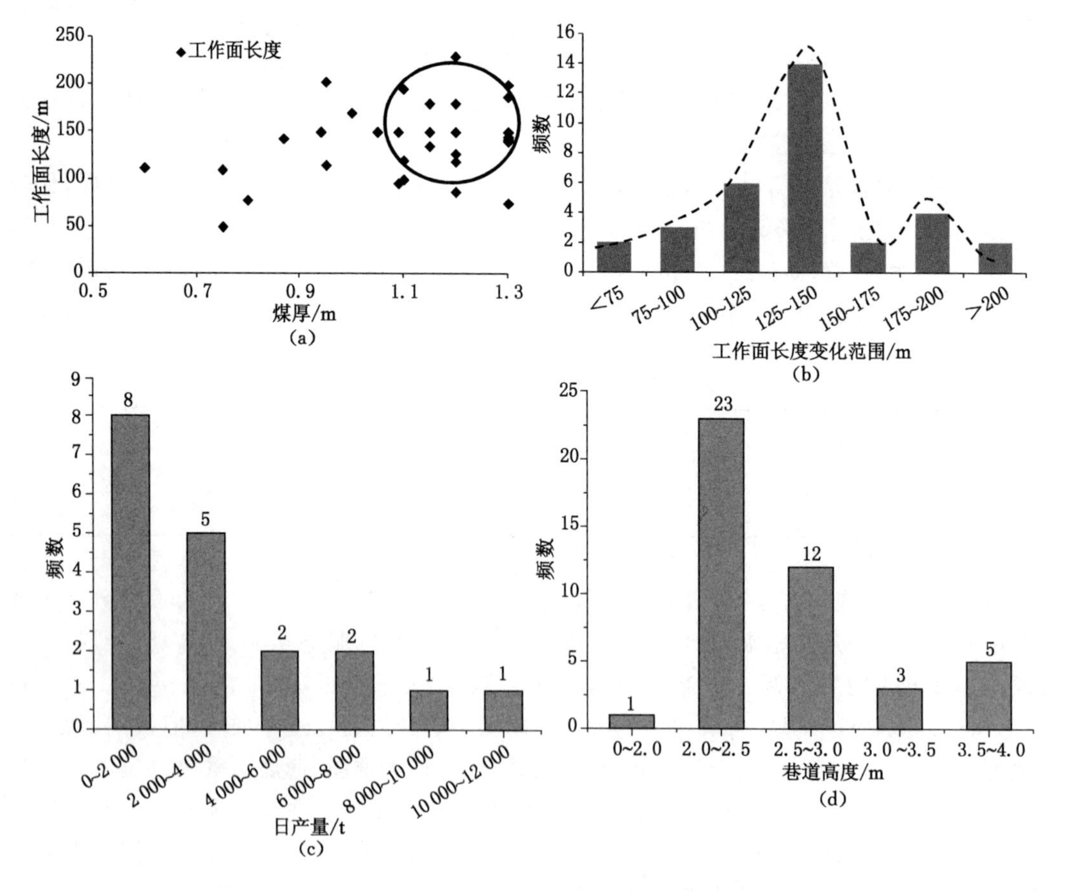

图 1-1 部分薄煤层工作面尺寸与产量统计

(a) 工作面长度及采高分布；(b) 工作面长度频数分布；

(c) 工作面日产量频数分布；(d) 回采巷道平均高度频数分布

1.2.2 薄煤层综采装备研究现状

随着煤炭科技不断进步，薄煤层综合机械化开采在“十一五”期间取得了新的进展，按照薄煤层综采工作面应用的采煤机种类划分，目前我国薄煤层综采技术主要包括滚筒采煤机综采、刨煤机综采、螺旋钻采煤机综采及连续采煤机综采[13]四类。

1.2.2.1 滚筒采煤机

滚筒采煤机综采技术由于截割效率高、破煤岩能力强、适应性好等优点，是薄煤层综合机械化开采的主要方法。

(1) 国外薄煤层滚筒采煤机研究现状

国外将煤层厚度不大于 2 m 的煤层统称薄煤层。2004～2005 年美国长壁式综采工作面 52 个，其中薄煤层工作面 21 个(刨煤机工作面 1 个、滚筒采煤机工作面 20 个)，刨煤机工作面年产量 159 万 t，工效 1 817 t/工，滚筒采煤机综采工作面平均年产量 448.7 万 t，平均工效 3 513 t/工，薄煤层滚筒采煤机综采在薄煤层开采中占据很大的比例[14,15]。

国外薄煤层大功率电牵引采煤机均是在 20 世纪 80～90 年代研制成功的，德国 Eickhoff 公司在 20 世纪 80 年代中期研制成功的 EDW—300LN 型薄煤层爬底板采煤机，采高 0.9～1.7 m，装机功率 335 kW，其中，截割功率 300 kW，牵引功率 2×17.5 kW，牵引速度 0～5.4/8.6 m/min，牵引力 353/221 kN[16]。

英国 Long-Airdox 公司在 20 世纪 90 年代中期推出的安德森薄煤层 Electra 交流变频电牵引采煤机，采高 1.0～1.5 m，采用多电动机横向布置驱动，截割电动机悬挂在煤壁侧，总装机功率 516 kW，其中，每个摇臂截割功率 225 kW，牵引功率 2×33 kW，牵引速度0～12 m/min，牵引力 504 kN[16]。

20 世纪 80 年代后期，波兰 KOMAG 采矿机械化研究中心与煤炭科学研究总院上海分院联合研制成功 KSE—344 型爬底板交流电牵引采煤机，适用采高 0.9～1.6 m，装机功率 344 kW，其中，截割功率 300 kW，牵引功率 2×22 kW，牵引速度 0～7.8 m/min，牵引力 350 kN。在此基础上，将牵引功率增大到 2×30 kW，研制成功 KES—360 型薄煤层采煤机[16,17]。

目前，波兰根据国内坚硬薄煤层开采条件，着手设计一种特殊形式的单滚筒采煤机，采煤机两端头分别安装一个装载装置，将装载功能从滚筒分离出来，提高采煤机滚筒运动学参数，利用此类采煤机可节省采煤机进刀工序，能够很好地适应波兰 1.0～1.6 m 薄煤层长壁工作面的开采[18]。

捷克 TMachinery 股份公司生产的 MB240E，MB290E 和 MB320E 型采煤机。其中，MB240E 型采煤机适用于采高 0.8～1.6 m，总装机功率 219.5 kW，牵引力 2×160 kN，机重 14 t。MB290E 型采煤机适用于采高 1.0～2.1 m，总装机功率 291.5 kW，牵引力 2×220 kN，机重 17 t。MB320E 型采煤机适用于采高 1.0～2.3 m，总装机功率 321.5 kW，牵引力 2×220 kN，机重 17 t[16]。

目前，国际上先进的薄煤层采煤机为 2011 年美国 JOY 公司在 7LS1A 的基础上推出的 7LS0 采煤机。机身高度 890 mm，适应采高 1.3～2.0 m，总装机功率 820 kW，截割功率 2×336 kW，牵引功率 2×60 kW，机重 45 t。截割电动机、机身布置在煤壁侧，可达到降低机面高度、增大过煤空间的目的[16]。

(2) 国内薄煤层滚筒采煤机研究现状

我国对薄煤层滚筒采煤机的研究始于20世纪60年代，自行研制始于70～80年代。90年代以来，为满足开采较硬薄煤层、提高薄煤层滚筒采煤机的可靠性、薄煤层作为保护层开采[19]等需要，研制了多电机驱动的交流变频调速大功率无链牵引采煤机，相应的液压支架、工作面输送机等配套装备也得到发展，形成了薄煤层综采技术。

煤炭科学研究总院上海分院与波兰KOMAG采矿机械化研究中心联合研制成功MG344—PWD型强力爬底板采煤机，具有机面高度低、装机功率大、机组运行平稳、工作可靠等优点。采用性能先进的交流变频调速技术，变频装置安放在巷道内。总装机功率为344 kW，其中，截割功率为300 kW，牵引功率2×22 kW，采用齿轮—销轨式无链牵引，最大牵引力350 kN，牵引速度0～7.8 m/min。适用于采高范围为0.9～1.6 m、煤质较硬的薄煤层工作面，曾在大同煤矿集团的雁崖矿、燕子山矿、忻州窑矿、永定庄矿等矿井使用。在燕子山矿平均日产稳定在1 500 t左右，1996年10月在采高1.3 m的煤层中月产达到7.2万t[16]。

90年代以来，为了满足薄煤层作为保护层开采矿井的迫切需要，煤炭科学研究总院研制了新一代的MG200/450—WD型薄煤层电牵引采煤机，该采煤机采用多电动机横向布置驱动，交流变频调速无链牵引等技术。总装机功率达450 kW，其中，每个摇臂截割功率200 kW，牵引功率2×25 kW，牵引力440 kN，采用骑输送机布置方式，截割电动机悬挂在煤壁侧，可用于采高为1.0～1.7 m的薄煤层综采工作面，于2003年1～3月在采高为1.2～1.7 m工作面取得了最高月产14.45万t，最高日产6 406 t的好成绩，并创国内同等煤层开采厚度的最高月产与日产记录[16]。

21世纪初，为满足晋城煤业集团薄煤层生产的需要，天地科技股份有限公司上海分公司在MG200/450—WD型电牵引采煤机的基础上，研制成功了MG2×125/550—WD型采煤机，采煤机除截割功率较前者增大外，采高范围更大，适应性更好。其总体布置采用常规骑输送机方式，采煤机采用多电动机驱动横向布置，解决了机面高度、装机功率与过煤空间三者之间的矛盾，截割部首次采用双电动机联合驱动方式。机面高度980 mm，总装机功率550 kW。在平均采高为1.6 m的煤层条件下，平均日生产能力达3 000 t[16]。

2007年，为满足淮南矿业集团薄煤层作为保护层开采的需要，天地科技股份有限公司上海分公司、鸡西煤矿机械有限公司分别推出了装机功率更大、性能更加先进的MG320/710—WD、MG2×150/700—WD型采煤机[16]。

为满足0.8～1.0 m的薄煤层高效开采的需要，在"十一五"期间，天地科技股份有限公司上海分公司、鸡西煤矿机械有限公司等推出了多款薄煤层采煤机，主要有MG100/238—WD、MG150/346—WD、MG200/446、MG180/420—BWD等型采煤机[16]。

2006年至2009年，由天地科技股份有限公司、山东能源枣庄矿业有限责任公司、重庆能源投资集团公司合作完成了国家"十一五"科技支撑计划"薄煤层机电一体化开采关键技术与装备"课题研究，研制开发出具有自主知识产权、最低采厚达到0.75 m的MG100/238—WD型紧凑电牵引滚筒采煤机，适用于煤层厚度0.75～1.25 m，煤层倾角0～25°或0～45°、煤质中硬的薄煤层综采工作面，满足了薄煤层高产高效生产的需要，薄煤层综采试验工作面月单产达4万t以上[20]。国内部分滚筒采煤机开采薄煤层的成功实例见表1-2[21-28]。

表 1-2　　我国薄煤层滚筒采煤机开采的成功实例

工作面名称	煤厚/m	倾角/(°)	工作面长度/m	特点	采煤机	平均日产量/t
南屯矿 3602 工作面	0.92	4	164	含硫化铁结核	MG180/420—BWD	958
小屯矿 14459 工作面	1.1	4.5	44	断层多、顶板坚硬且破碎	MG200/456—WD	3 000
沙曲煤矿 22201 工作面	1.1	4	150	薄煤层保护层开采	MG2×150/700—WD	1 077
朱庄矿Ⅱ646 工作面	1.25	8	170	厚层坚硬顶板，煤与瓦斯共采	MG200/456—WD	1 426
葛亭矿 11604 工作面	1.22	9	34	短工作面，含硫化铁结核	MG200/456—QWD	3 000
桑树坪矿 4216 工作面	0.73	5	150	瓦斯富集，不稳定薄煤层保护层开采	MG320/710—AWD	1 132
桑树坪矿 4219 工作面	0～1.3	8～10	175	最大功率机型(811 kW)	MG350/811—WD	
朱集东矿 1111 工作面	1.2	3	230	薄煤层保护层开采	SL300	1 425
新兴矿 801 工作面	0.7	13.5		国内最小机型(0.65～1.1 m)	MG150PW	393

通过对国内薄煤层工作面使用的滚筒采煤机主要技术参数进行调研，得到目前国内薄煤层滚筒采煤机装机功率及采高统计分布规律，如图 1-2 所示。

据不完全统计，适用于薄煤层开采的滚筒采煤机机型达 61 种。薄煤层滚筒采煤机最小采高达到 0.52 m(MG110/130—TPD)，最小采高在 0.8 m 以下的采煤机种共 6 种，仅占薄煤层采煤机种的 9.8%，极薄煤层矮型化滚筒采煤机仍然较为匮乏；目前，薄煤层滚筒采煤机装机功率主要分布在 200～800 kW，装机功率在 600 kW 以上采煤机种仅占 37.7%，且最小采高均在 1.2 m 以上，大功率小型化薄煤层滚筒采煤机的选择余地较小。其中，装机功率最大机型为鸡西煤矿机械有限公司生产的 MG350/811—WD，适用于采高范围为 1.0～1.98 m 的综采工作面，能够满足硬煤的截割要求，在韩城矿业公司桑树坪矿 4219 工作面进行了现场应用，工作面采高 1.1～1.2 m，开采期间采煤机运行平稳，故障率较低，取得了良好的应用效果。

滚筒采煤机综采工艺因截割效率高、破煤岩能力强、适应性好等优点，在我国薄煤层综采技术中占据主导地位，据不完全统计，滚筒采煤机综采工艺占薄煤层综采工艺的比例高达 85%左右，在本书阐述过程中，不做特殊说明情况下，综采工艺即指滚筒采煤机综采工艺，研究及开发薄煤层高效综采工艺及装备已经成为我国薄煤层开采的主要发展方向。

1.2.2.2　刨煤机

受刨煤机破煤岩能力差、设备稳定性差、对地质条件要求苛刻等多种因素的制约，限制了刨煤机开采技术在我国薄煤层综采工作面的推广应用。

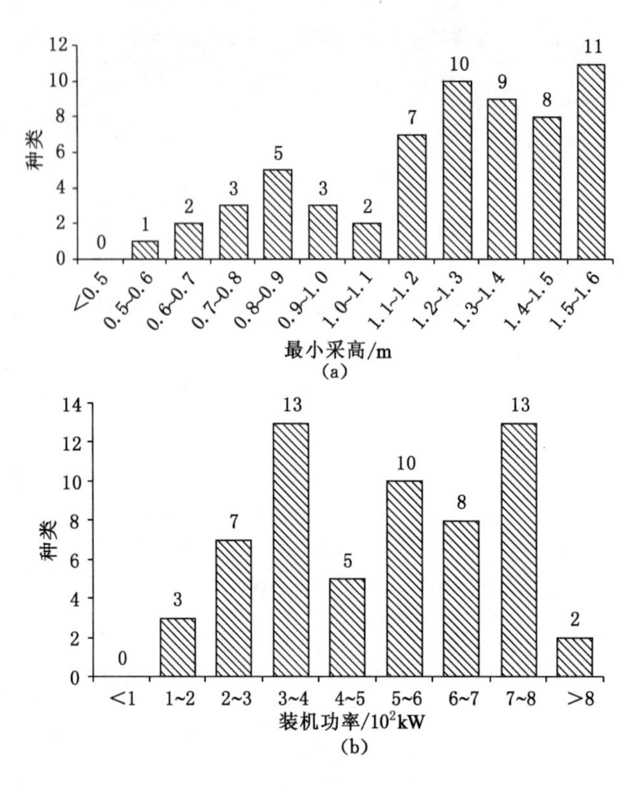

图 1-2　薄煤层滚筒采煤机参数信息统计结果图

(a) 最小采高；(b) 装机功率

（1）国外刨煤机开采技术发展现状

刨煤机自 20 世纪 40 年代在德国问世以来，很快得到推广和发展，成为薄煤层机械化采煤的主流。在德国，薄煤层是指煤层厚度在 1.6 m 以下的煤层，其薄煤层几乎全部采用刨煤机开采，据不完全统计，煤层厚度 1.8 m 以下的 30 多个高产工作面中，只有 1 个滚筒采煤机工作面，刨煤机工作面年产量达 200 万 t 以上。在波兰，每年使用刨煤机的工作面平均 65 个。在俄罗斯，每年使用刨煤机的工作面达到 150 多个。澳大利亚、南非等主要产煤国薄煤层工作面也都使用了全自动化刨煤机。其中，使用刨煤机效率最高的是美国，它的薄煤层刨煤机工作面年产量可达 300 万 t 以上[9,29]。

德国 DBT 公司是世界上研制刨煤机最早、技术水平最高的一家公司。目前，刨煤机的技术水平已发展到采高 0.6～3 m，截深最大可达 300 mm，可刨煤坚固性系数达到 4，刨速最高可达 3 m/s，刨链直径达 42 mm，设计长度达 400 m，装机功率最大可达 2×800 kW[29]。

波兰 Bogdanka 矿井 7/Ⅶ/385 盘区工作面采用卡特彼勒公司 GH1600 型刨煤机系统，刨煤机采用 2×210/630 kW 发动机提供动力，2×800 kW 的刮板输送机配备的智能 CST 驱动系统，工作面支架配备 PMC—R 电液控制。工作面于 2012 年 2 月 16 日以日单产 2.44 万t 创造在同类刨煤机工作面的日单产世界纪录[30]。

目前，刨煤机装机功率越来越大，已达到 800～1 600 kW，体积向着紧凑型方向发展，可靠性、自动化控制程度更高，刨削能力得到明显提高。

（2）国内刨煤机开采技术发展现状

自2000年以来，国内引进7套德国DBT公司刨煤机开采系统，分别应用在铁法煤业集团的小青矿和晓南矿、山西焦煤西山煤电集团公司马兰矿、晋城煤业集团凤凰山矿，刨煤机功率除凤凰山矿为2×400 kW外，其余均为2×315 kW。截至2011年年末，铁法煤业集团利用刨煤机生产煤炭超过1 000万t，创造了我国刨煤机产煤的新纪录[31]。

铁法煤业集团小青矿W_2-712工作面长度212 m，可推进长度1 547 m，煤层厚度1.15～1.8 m，煤层倾角2°～10°。工作面可采储量57.2万t，设计月产量9.3万t，可采期6.2个月，工作面采用德国DBT公司DBT—98VE5.7N全自动化刨煤机、PRT—GH—PF3/822运输机及计算机远程控制系统等装备，其他配套设备由国内各生产厂家协助制造，液压支架型号为ZY4800/06/16.5D，乳化液泵站型号为BRW315/31.5。在地质条件相对简单、煤厚1.4 m左右时，刨煤机综采工艺的适应性较好[32]。

大同煤矿集团晋华宫矿8118工作面采用德国DBT公司GH5.7—9—38/Ve型刨煤机。工作面煤层赋存稳定，平均厚度1.3 m，平均倾角7°。工作面直接顶、基本顶均为粉细砂岩，煤层坚固性系数为3。工作面长度200 m，平均采高1.3 m。刨煤机刨头功率400 kW，生产能力700 t/h，刨链规格ϕ38 mm×137 mm，刨速1.47/2.94 m/s。工作面平均日产5 060 t，较相邻普采工作面平均日产增加2 060 t。后期由于盘区内煤层厚度变小，起伏程度较大，地质构造复杂，利用滚筒采煤机逐渐代替了刨煤机的开采[33]。

三一重型装备有限公司研制的国内首套全自动化刨煤机成套设备，2010年11月至2011年3月在铁法煤业集团晓明矿N2419工作面进行了工业性试验，标志着国产全自动化刨煤机组成套设备开始在煤矿实际应用。晓明矿N2419工作面长度159 m、可推进长度472 m，煤层厚度1.3～1.4 m，煤层倾角3°～5°。工作面选用BH38/2×400型刨煤机，SGZ—800/800型刮板输送机，SZZ—800/400型转载机，ZY5200/08/18D型掩护式液压支架。实际生产过程中，刨煤机刨深上行为70 mm，下行为30 mm，平均运行速度上行为1.7 m/s，下行为1.2 m/s，平均日产量达到2 121 t[34]。

与此同时，自动化刨煤机综采成套装备逐步实现国产化。陕西南梁矿业有限公司20302(1)薄煤层综采工作面主采2-2煤层，煤层厚度1.2～1.9 m，煤层倾角1°～3°，工作面地质条件简单，工作面长度150 m，可推进长度580 m，工作面采用刨煤机开采方式。针对20302(1)工作面开采条件，中煤装备公司及所属张家口煤矿机械有限责任公司、北京煤矿机械有限责任公司研发了我国首套装机功率2×400 kW，理论生产能力800 t/h，设计工作面长度达300 m，在采高0.9～1.7 m的煤层条件下年生产能力达到100万t的高效可靠强力刨煤机工作面成套设备，并在20302(1)工作面进行了井下工业性试验，实现了全国产化刨煤机工作面无人开采，平均日进尺4.8 m，工作面月产3.7万t。

我国典型矿区薄煤层刨煤机综采工作面应用情况见表1-3。

表1-3 典型矿区薄煤层刨煤机综采工作面应用情况

工作面	煤层厚度/m	煤层倾角/(°)	煤层坚固性系数	刨煤机	平均日产量/t
小青矿W_2-712工作面	1.2～1.8	2～10	2～3	DBT—98VE5.7N	3 100
晓明矿N2419工作面	1.3～1.4	3～5	2～3	BH38/2×400	2 121

续表 1-3

工作面	煤层厚度/m	煤层倾角/(°)	煤层坚固性系数	刨煤机	平均日产量/t
南梁矿 20302(1)工作面	1.2～1.9	1～3	3	BH38/2×400	1 233
马兰矿 10508 工作面	1.2～1.4	3～5	2～3	GH—9—38Ve/5.7	3 667
凤凰山矿 95313 工作面	0.7～2.2	3～13	3	GH—9—38Ve/5.7	5 500
平煤二矿己$_{17}$-22092 工作面	1.2～1.4	4～8	2	BH30/2×160	500
晋华宫矿 8118 工作面	1.1～1.5	3～12	3	GH—9—38Ve/5.7	5 060

1.2.2.3　连续采煤机

经过 50 多年的不断研究与改进，连续采煤机开采方法在短壁综采工作面的应用过程中得到了逐步完善，而在长壁工作面中的应用较少。

(1) 国外连续采煤机开采技术发展现状

连续采煤机开采技术在美国、澳大利亚得到了广泛的应用。1985 年，美国连续采煤机房柱式开采产量占总开采量的 70.4%，采用连续采煤机开采方法的矿井平均采出率为 53.05%。美国高产高效连续采煤机房柱式开采工作面采煤机械的发展，使其井工矿产量、效率的增长速度高于露天矿的增长速度。

美国连续采煤机短壁开采技术发展较为成熟，美国弗吉尼亚州 Glen Lyn 地区 Fairchild International 公司生产的 F330 连续采煤机广泛应用于薄煤层的开采，连续采煤机采用纵螺旋方式，其主要结构由截割部、行走部、输送部组成，一次采宽可达 6.1 m。F330 薄煤层连续采煤机利用螺旋滚筒的相向对滚，将落下的煤堆推装到刮板输送机上，再运到机尾卸载。美国 Rosebud，Sterling 和 Four O 矿业公司均采用 F330 连续采煤机进行了薄煤层工作面的开采，取得了良好的应用效果，使用情况见表 1-4。

表 1-4　美国薄煤层矿业公司采用连续采煤机进行房柱式开采典型案例

煤矿名称	Rosebud Mining Company		Sterling Mining Company		Four O Coal Company
地点	Kittanning，Pennsylvania		North lima，Ohio		Haysi，Virginia
煤层厚度/m	0.88～1.01		0.97～1.02		0.81～1.07
连续采煤机	GE—Fairchild F330		GE—Fairchild F330		GE—Fairchild F330
连续运输系统	4 节	6 节	4 节	6 节	4 节
盘区巷道布置	3 巷	5 巷	5 巷	7 巷	5 巷
盘区采出率/%	58	49	64	72	58
每米进刀出煤/t	7.5		7.9		7.4
生产能力/(万 t/a)	55		50		21

20 世纪 50 年代末期，澳大利亚在美国房柱式采煤方法的基础上，试验成功了一种旺格维利连续采煤机采煤方法，到 1975 年，澳大利亚的房柱式开采达到全盛时期，共有 193 台连续采煤机，所采煤炭占井工煤矿煤炭产量的 93%。其中，库克煤矿在每个盘区装备 1 台 JoyCM12 型连续采煤机，连续采煤机在盘区一侧回采巷道里分别推进 15 m，接着贯通回采巷道之间的联络巷，然后把连续采煤机开到盘区另一侧，进行采煤和贯通联络巷，在掘进和回收煤柱的同时把煤炭采出，实现了工作面人少产量高的目标。在南非，类似的采煤方法被称为西格玛采煤方法。

(2) 国内连续采煤机开采技术发展现状

20 世纪 90 年代以来，我国注重连续采煤机配套设备的引进，连续采煤机在煤巷掘进及完成残留煤柱的回收和对煤田边角煤、条带煤的开采方面显示了独特优势[35]。以连续采煤机为核心的现代房柱式采煤方法在我国神东、黄陵等埋深不大的矿区得到推广应用，取得了月产 10 万 t、采出率达到 80%的良好效果。

1999 年 7 月，神东煤炭集团从澳大利亚引进旺格维利采煤法，并在大海则煤矿进行了开采试验，开采过程中在煤房之间留设 15 m×100 m 左右的大煤柱，然后采用留设煤皮的方法支撑顶板，顺序回收煤柱，工作面回采率比切块式采煤法提高了 10%[36]。

2003 年由我国首次研制的 LY1500/865—10 型煤矿井下连续运输系统通过地面调试在神东矿区投入试生产，具有运量大、效率高、移动灵活、对煤层和巷道适应性较强等特点，适用于煤矿井下工作面短壁房柱式采煤、高产高效连续采煤作业，与连续采煤机和带式输送机配套实现落煤、破碎、装煤、运煤机械一体化[37]。

近年来，为了进一步扩展连续采煤机短壁开采技术的适用范围，以适应我国复杂多变的煤层地质条件，中国煤炭科工集团太原研究院在山西中煤东坡煤业有限公司开展了复杂地质条件下的连续采煤机机械化开采示范工程，开创了东坡连采短壁采煤法，简称“东坡采煤法”[38,39]。

1.2.2.4 螺旋钻采煤机

螺旋钻采煤机是一种能够解决极薄煤层开采、提高煤炭资源回收率的采煤设备[40]。用螺旋钻采煤机采煤，由于工人不出现在采煤工作面内，而是在采煤工作面以外的地点操作设备，完成工作面内的破煤、装煤、运煤等各工序，设备检修也都在工作面以外的巷道中进行，真正实现了无人工作面采煤，使工人远离较危险的工作地点，把工人从繁重的体力劳动和恶劣的工作环境中解放出来，而且占用人员少，劳动生产率高，提高了资源回收利用率。螺旋钻采煤机无人工作面采煤对地质构造适应性强，如果采用滚筒采煤机或刨煤机采煤，长壁工作面遇到较大断层时，需重新开切割眼，工作面搬家费工费时，而螺旋钻采煤机采煤遇到断层时，只需移动钻机到新地点重新定位钻采即可，工艺、操作都比较简单。该采煤方法可广泛应用于开采围岩稳定、煤层倾角小于 15°的极薄煤层，并且还可以用来开采边角煤、三下压煤、顶板松软破碎煤层和回收各种煤柱。使用螺旋钻采煤机不仅可减少巷道投入、减少开采对地面的影响，而且可最大限度地回收极薄煤层煤量，有利于提高薄、极薄煤层的配采比例，延长矿井服务年限，提高矿井的经济效益和社会效益。

但从目前国内外对螺旋钻采煤机的研究和使用情况看，采用螺旋钻采煤机进行薄煤层开采主要还存在以下一些问题：缺乏指导螺旋钻采煤机研制、开发的基础理论研究；采煤机在钻采过程中，由于受不同地质条件、钻头和钻杆重力及不平衡力矩的影响，使钻头和钻杆在钻进过程中经常发生偏斜，限制了钻采深度；钻杆的装卸占用时间较长，严重影响采煤效率；采煤时钻孔之间要根据顶板情况留有不小于 0.2 m 宽的小煤柱，且只有 3 个钻头开采，采宽小，开采效率和资源回收率低，影响螺旋钻采煤机技术在薄及极薄煤层开采中的推广应用。

1.2.2.5　其他设备

伴随薄煤层采煤机技术的不断发展，相应的薄煤层液压支架、工作面输送机等配套装备也取得了相应的发展。

(1) 液压支架：通过对国内薄煤层工作面使用的液压支架主要技术参数进行调研，得到目前国内薄煤层液压支架工作阻力及最小支撑高度的统计分布规律，如图 1-3 所示。

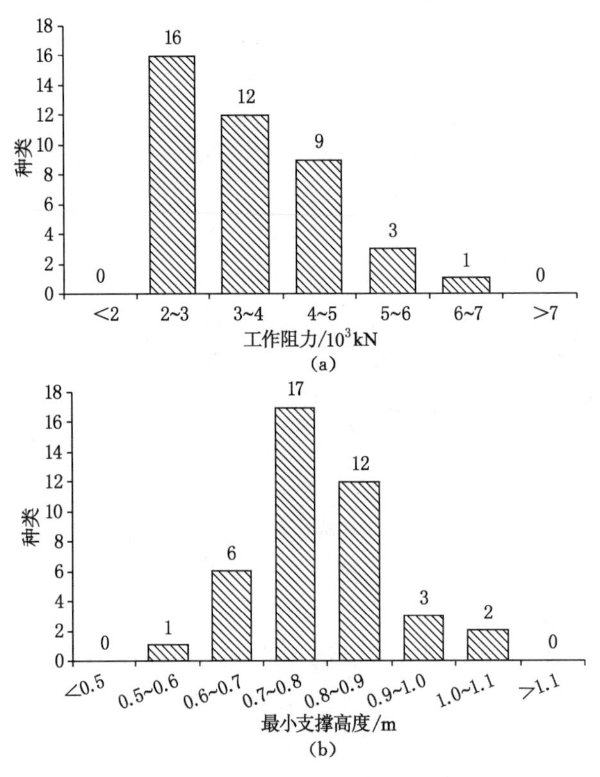

图 1-3　薄煤层液压支架参数信息统计结果图

(a) 工作阻力；(b) 最小支撑高度

薄煤层液压支架种类达 41 种，薄煤层液压支架工作阻力最大能够达到 7 000 kN (ZY7000/09/18D 型)，适用于支撑范围为 0.9～1.8 m 的综采工作面，在陕西南梁矿业有限公司 20302(1)工作面进行了现场应用，应用效果良好。工作阻力在 5 000 kN 以上的薄煤层液压支架种类仅占 9.7%，可供选择的高工作阻力液压支架架型较为匮乏，且以上架型的最小支撑高度为 0.7～0.9 m，难以满足极薄煤层综采工作面开采的需求。整体来看，最小支撑高度在 0.7～0.9 m 薄煤层液压支架架型相对丰富，占 70.7%；薄煤层液压支架支撑高度最小达到 0.55 m(ZY2400/5.5/12 型)。

(2) 刮板输送机：通过对国内薄煤层工作面使用的刮板输送机主要技术参数进行调研，得到目前国内薄煤层刮板输送机输送能力的统计分布规律，如图 1-4 所示。

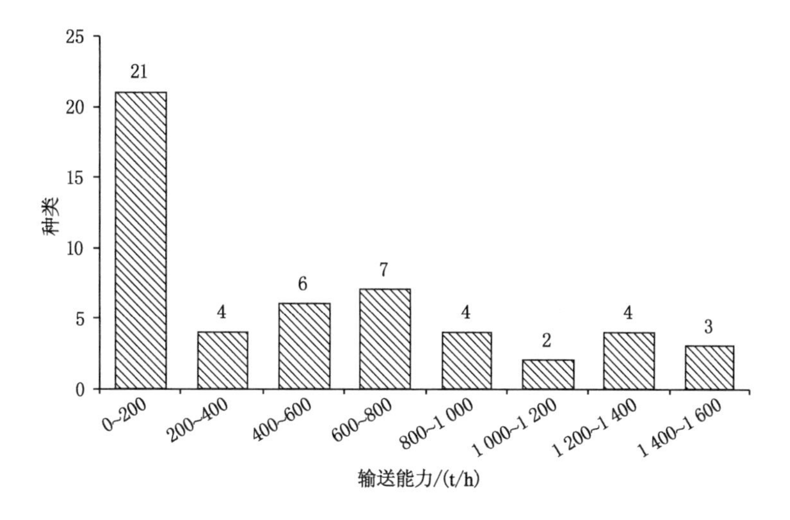

图 1-4 薄煤层刮板输送机运输能力统计结果图

薄煤层刮板输送机种类达 51 种，输送能力能够满足 10 万～150 万 t 年产量工作面运输要求，但相对特定输送能力的刮板输送机机型常常有很多种，如输送能力为 150 t/h 的刮板输送机机型有 9 种，为输送机选型用户提供了多种选择，但也增加了智能化决策的难度，刮板输送机的智能化重复决策易产生决策偏差。

1.2.3 薄煤层自动化开采技术研究现状

机械化和自动化是提高薄煤层生产效率和降低采煤危险系数的有效手段，采煤机械化已在世界范围内普及，自动化技术在部分煤层条件较好的薄煤层综采工作面开始应用。

自 19 世纪 90 年代以来，美国、英国、德国、澳大利亚等国开始着手研究自动化综采关键技术，并取得了一些显著性的成果。德国 DBT 公司成功研制了基于 PM3 电液控制系统的薄煤层全自动化综采系统。美国 JOY 公司开发了基于计算机集成的薄煤层少人操作切割系统[41]。进入 21 世纪以来，国外煤矿开采追求“安全、高效、简单、实用、可靠、经济”的原则，其智能开采的技术思路是：通过钻孔地质勘探和掘进相结合的方式描绘工作面煤层的赋存特征，通过陀螺仪获知采煤机的三维坐标，两者结合实现工作面的全自动化割煤，该思路避开煤岩识别难题，以地质条件为载体，规划自动化采煤过程[42,43]。

目前，我国在薄煤层自动化综采方面与发达国家还有一定的差距，差距主要体现在煤岩界面识别、工作面设备自动找直技术等[44]。根据国内实现的自动化及智能化开采控制模式，薄煤层智能化开采系统主要有远程干预无人化采煤工艺、矿井虚拟现实技术及远程遥控技术等。智能化开采远程干预无人化采煤工艺，即以“工作面自动控制为主，远程干预为辅”的工作面智能化生产模式，实现“无人跟机作业，有人安全值守”的开采理念；矿井虚拟现实技术创造出一个三维的采矿现实环境，模拟采矿作业过程及工艺设备的运行，操作人员可与虚拟现实系统进行人机交互，在任意时刻穿越任何空间进入系统模拟的任何区域；远程遥控技术，即以采煤机记忆截割、液压支架跟随采煤机自动动作、综采设备智能感知为主，人工远程干预及视频监控为辅[42,45]。

在薄煤层自动化开采技术的应用方面，我国取得了卓有成效的尝试及试验，代表性的薄煤层综采工作面有神华集团神东煤炭分公司榆家梁煤矿 44305 薄煤层自动化工作面、兖矿集团杨村煤矿 4602 薄煤层自动化工作面、陕西煤炭集团黄陵矿业有限公司一号煤矿 1001 综采工作面、中煤进出口公司唐山沟煤矿 8812 薄煤层自动化工作面，其中，44305 工作面综采设备全部是进口设备，4602 工作面、8812 工作面设备全部为国产设备，薄煤层自动化关键设备已实现国产化。工作面典型特征都是以记忆切割加远程干预控制采煤机截割、电液控制液压支架为基础，在顶底板条件好的情况下，实现采煤机的自动化截割、支架跟随采煤机自动化移架、推移刮板输送机等作业[42,43,46,47]。

黄陵矿业有限公司一号煤矿 1001 综采工作面倾斜长度 235 m，采高 1.1～2.3 m，于 2014 年 2～4 月进行了为期 3 个月的薄煤层智能化工业性试验。通过利用井下监控中心远程操作台和监控视频进行远程采煤，并在工作面设置 3 名工作人员(采煤机司机、支架工、输送机司机各 1 人)进行跟机安全监护。工业性试验阶段，地面调度室和井下监控中心远程作业、采煤机自动记忆截割等自动化功能稳定，系统应用效果良好，能够大幅度减少工作面作业人员，降低职工劳动强度。工作面的生产能力不断提高，月产量达到 17.03 万 t，年生产能力达到 200 万 t 以上。工作面由原来的 9 人/班，减至目前的 1 人/班，每年可减少人工总费用 525 万元。1001 综采工作面在全国首次实现地面远程监控无人采煤，开创了国产装备工作面无人化的先河，在探索工作面无人化、少人化方面作出了开创性贡献[42,46]。

我国的薄煤层自动化开采形式主要以记忆切割技术为基础，人工频繁干预下复制采煤机截割轨迹实现自动化切割，此种自动化综采工艺方式受煤岩分界自动识别技术成熟度低的影响适应性较差。

1.3 薄煤层开采技术与装备存在的问题

(1) 工人劳动强度大：薄煤层传统综采工艺模式条件下，工作面内工人在狭小的空间内弯腰或爬行，依靠繁重的体力劳动进行采煤作业，工作面内工人劳动强度大，安全程度低，落后的薄煤层综采工艺模式与安全高效科学开采的矛盾日渐凸显。

(2) “薄煤层、厚装备”问题突出：薄煤层综采工作面回采及掘进普遍存在“薄煤层、厚装备”的问题，低矮型薄煤层成套开采装备及掘进成套装备相对匮乏。薄煤层综采工作面开采过程中破顶破底现象严重，据不完全统计，薄煤层采高超高煤厚 0.2～0.5 m，增加了工作面原煤含矸率；半煤岩回采巷道掘进高度普遍在 2.5～3.0 m，超高煤厚 1.5 m 左右，回采巷道破岩面积占巷道断面积约 50%，巷道掘岩工程量居高不下，破底破岩现象严重，采掘破岩量大，造成薄煤层综采工作面采掘接替相对紧张，加剧了薄煤层综采工作面经济效益差的窘境[4,48]。

(3) 工艺参数不匹配：薄煤层综采工作面开采工艺方式、设备配套与地质生产条件的匹配性差，主要表现在：① 采煤方法与开采方式选择以定性分析为主，主观性强；② 采掘设备选型不合理，破底(顶)量大，单进低、效率低；③ 回采巷道辅助装备基本选用中厚煤层通用设备，巷道高度浪费严重。

(4) 系统设计紊乱：薄煤层综采工作面系统设计紊乱，普遍存在薄煤层矿井设计生产能力低，采区、工作面尺寸小，巷道布置系统复杂的突出问题。薄煤层综采工作面设计长度普遍在 80～120 m，走向长度一般在 600～1 200 m，单面储量不足 20 万 t，完成矿井相同生产能力条件下需动用的工作面数量多，导致掘进工程量大、生产准备量大，投资高、成本高、万吨掘进率高。另外，薄煤层综采工作面普遍采用煤柱护巷方式，导致资源回收率低、采掘接续紧张，存在“窄面宽煤柱”现象，煤柱宽度一般都在 20～30 m(平均 25 m)，占面长的 25%，多数煤柱因采空影响无法复采，薄煤层采区资源回收率不足 60%。

(5) 自动化程度低：薄煤层综采工作面自动化关键技术对地质条件的适应性差，如记忆切割技术、“三机”协同控制技术等；薄煤层综采工作面视频监控系统、远程遥控系统及故障诊断系统等关键设备的故障率高，遇复杂地质构造时尤为突出。

(6) 经济效益差：薄煤层综采工作面开采经济效益差，相对中厚煤层、厚煤层综采工作面，薄煤层综采工作面的投资产出比小，同等投资条件下获得的经济效益低。

以上是薄煤层综采工艺体系存在的主要技术难题，与中厚煤层、厚煤层综采技术与装备不同，是薄煤层开采呈现出的特有难点，也是制约薄煤层综采技术发展的根本因素。

为实现薄煤层综采工作面的科学开采，本书针对薄煤层综采工作面开采的关键技术进行系统研究，攻克影响薄煤层机械化、自动化开采的关键共性技术难题，开发并研制具有自主知识产权的薄煤层采掘关键技术，为薄煤层高效机械化、智能化开采提供技术支撑。

1.4 研究内容与研究方法

1.4.1 研究内容

本书研究内容主要包括以下 6 个方面：

(1) 薄煤层长壁综采工艺评价与决策

统计收集我国薄煤层地质生产状况，分析掌握薄煤层的赋存条件、岩性特征及地质构造情况等，建立薄煤层地质可采性评价的模型和方法；以地质评价模型为基础，建立以经济评价、人机环境评价及技术评价为核心的薄煤层综采工作面采煤方法优选的多目标多属性综合评价模型，分析经济因素、人机环境因素及技术因素对于薄煤层开采方法优选的影响，实现单一准则、综合准则条件下薄煤层综采工作面采煤方法的优选决策；在系统调研薄煤层综采工艺模式的基础上，提出薄煤层综采工艺模式的分类策略，利用系统工程的理论与方法对薄煤层综采工艺模式进行聚类分析，建立薄煤层综采工艺模式综合评价的理论模型，实现给定薄煤层条件下薄煤层综采工艺模式的优选与评价。

(2) 薄煤层长壁综采工作面设备选型与配套

建立薄煤层综采工作面设备数据库、设备选型专家知识库，优化薄煤层综采设备选型与配套推理算法，开发薄煤层综采工作面设备选型与配套专家系统，对专家系统决策结果的可行性进行评估，实现工作面关键设备的智能选型与配套。

(3) 薄煤层长壁综采工艺设计及优化技术

通过优化薄煤层采区设计、工作面参数及工艺方式，探索适合薄煤层长壁开采的设计新理念，进一步简化薄煤层开采工艺流程，为薄煤层长壁综采工艺流程及工作面参数的选择提供良好的技术思路。

(4) 快速推进薄煤层综采工作面巷道布置与掘进技术

以实现薄煤层综采工作面快速推进为目标，围绕薄煤层综采工作面半煤岩回采巷道布置及掘进方式，提出与快速推进薄煤层综采工作面相适应的半煤岩回采巷道布置与掘进方式。

(5) 薄煤层自动化开采安全保障技术

通过研究薄煤层工作面地质异常体勘探技术、采煤机定姿定位技术、工作面视频监控技术、工作面围岩控制智能决策技术、工作面隔尘与除尘技术、工作面瓦斯超限防控技术及工作面生产系统集控技术等薄煤层自动化开采安全保障技术，旨在构建薄煤层自动化开采安全保障技术体系。

(6) 薄煤层自动化综采工艺模式

提出薄煤层自动化综采工艺模式分类策略，重点研究复杂地质条件薄煤层自动化开采技术方案，丰富我国的薄煤层自动化开采技术，旨在推进我国的薄煤层自动化及智能化开采进程。

1.4.2 研究方法与技术路线

本书采用现场调研、理论分析、数值模拟及现场工业性试验等方法对薄煤层开采的关键技术与装备进行系统研究。

(1) 现场调研

以我国中东部典型薄煤层开采工艺为研究对象，现场调研薄煤层综采工作面煤层赋存特征、综采工艺实施的技术难题、工作面“三机”配套方案、薄煤层回采巷道布置及掘进方式、薄煤层工作面综采工艺模式及工艺参数等，为研究提供基础资料。

(2) 理论分析

利用采矿工程相关原理，结合“运筹学”、“统计学”、“概率论”等理论，建立薄煤层长壁综采工作面采煤方法初选及优选决策模型、薄煤层长壁综采工作面工艺模式综合评价模型，解决薄煤层综采工作面采煤方法初选、优选及工艺模式评价的目标决策难题；利用遗传算法对薄煤层综采工作面设备选型与配套专家系统推理机制进行优化，实现薄煤层综采设备的快速智能选型与配套；利用采矿学及经济学的相关原理对薄煤层综采工作面开采参数进行优化与设计，完善薄煤层综采工艺优化技术；理论分析薄煤层综采工作面过煤厚变化带、断层构造时采煤机截割轨迹的预设原理。

(3) 计算机仿真模拟

利用计算机仿真模拟技术，设计薄煤层综采工作面开采方法优选的蒙特卡罗模拟仿真试验及薄煤层综采工艺模式聚类分析与评价的神经网络，实现对开采方法及工艺模式的优选。

(4) 工业性试验及现场实测

针对薄煤层长壁综采工作面开采方法优选结果、设备选型与配套决策方案、综采工艺模式的聚类评价效果、工艺流程优化设计、自动化综采工艺模式及安全保障技术的应用效果等，进行必要的工业性试验及测试，验证理论分析及计算机模拟的结果，总结并构建薄煤层安全高效自动化开采关键技术体系。

本书的研究技术路线如图 1-5 所示。

1.4.3 研究目标与创新点

(1) 研究目标

针对我国薄煤层长壁开采地质生产条件，以薄煤层开采关键技术与装备为研究对象，综合运用现场调研、理论分析、计算机模拟及现场工业性试验等方法，构建薄煤层自动化综采

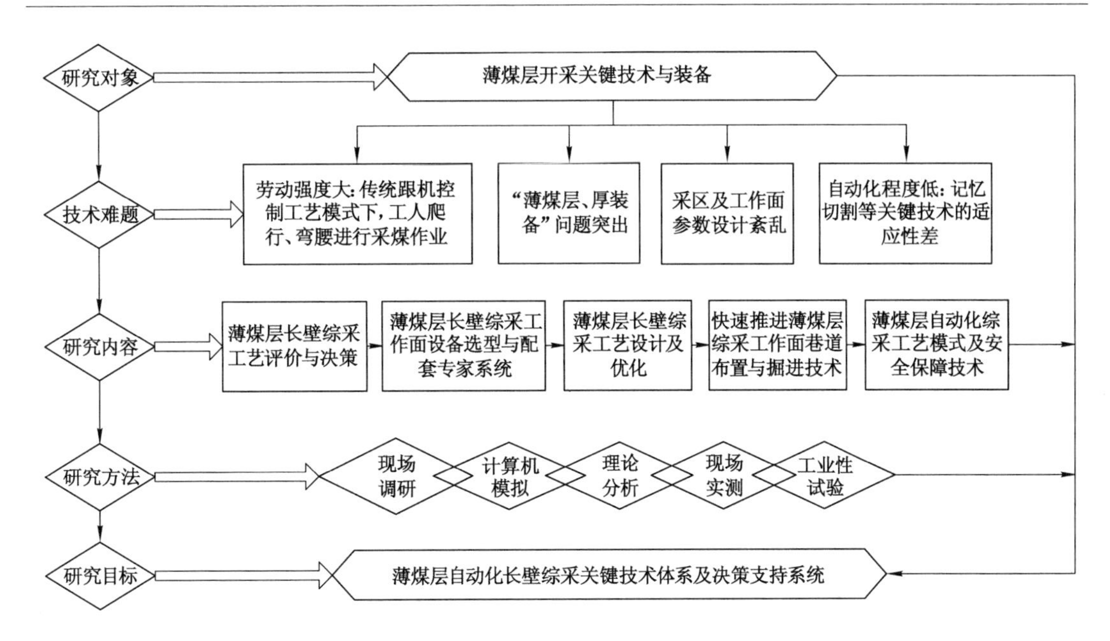

图 1-5 研究技术路线图

关键技术体系与决策支持系统，完善薄煤层开采设计的理论与方法，为薄煤层安全高效开采提供理论指导与示范。

(2) 主要创新点

① 构建了以"开采方法初选、开采方法优选及综采工艺模式评价"为中心的薄煤层综采工艺评价与决策支持系统，确定了以经济、技术、人机环境为评价准则的薄煤层采煤方法优选决策指标体系，提出了我国薄煤层综采工艺模式分类策略，设计了薄煤层综采工艺模式优选的神经网络理论模型，实现了给定条件下薄煤层开采方法与综采工艺模式的智能优选。

② 建立了基于遗传算法优化的薄煤层综采工作面设备选型与配套专家系统，研发了配套的智能化设备选型决策软件，探讨了智能化选型结果的可信度及存在的技术风险，实现了薄煤层综采工作面关键设备的智能化选型。

③ 提出了"以工作面生产为中心"的薄煤层反程序设计及快速推进薄煤层综采工作面"整体降高"采掘系统设计采矿理念，攻克了薄煤层安全高效开采的系统设计难题，开创了薄煤层低成本高效开采的新模式。

④ 提出了薄煤层自动化综采工艺模式的精细化分类策略及实施方案，开发了复杂条件薄煤层综采工作面预设截割轨迹自动化综采工艺新模式，构建了以"工作面地质异常体超前勘探、采煤机定姿定位、工作面视频监控、工作面围岩控制智能决策、工作面隔尘与降尘、工作面瓦斯超限防控及工作面生产系统集控"为基础的薄煤层自动化开采安全保障技术体系，完善了薄煤层自动化综采工艺决策支持系统。

2 薄煤层长壁综采工艺评价与决策

薄煤层长壁综采工艺评价与决策为薄煤层开采方法及工艺模式的选择提供决策支撑，为薄煤层开采提供设计基础。我国薄煤层资源/储量丰富，地质条件差异性大，如何科学选择合理的开采方法是薄煤层高效开采急需解决的首要技术难题，合理的开采方法对于薄煤层长壁综采工作面开采设计及产能规划至关重要，对于降低吨煤成本、优化劳动组织也有深远的影响。在开采方法决策的基础上，本书对薄煤层长壁综采工艺模式进行了细化分类，并着重阐述了我国薄煤层滚筒采煤机、刨煤机综采工艺的发展现状，提出了薄煤层综采工艺模式的聚类评价与优选理论。

目前，我国薄煤层综采形式多样，形成了以滚筒采煤机、刨煤机长壁综采技术为主，螺旋钻及连续采煤机综采技术并存的薄煤层开采现状，通过对滚筒采煤机、刨煤机长壁综采进行技术比较，可以得出以下结论：

(1) 滚筒采煤机综采工作面占薄煤层机械化开采工作面的比例高达85%，刨煤机大多由国外进口，滚筒采煤机已完全实现国产化，刨煤机综采工作面设备初期投资相对滚筒采煤机综采工作面较大。

(2) 滚筒采煤机综采工艺对坚硬薄煤层或含硬夹矸薄煤层的适应性相对刨煤机采煤工艺较强。

(3) 滚筒采煤机综采工艺对地质构造发育薄煤层工作面的适应性相对较强。

(4) 滚筒采煤机综采工艺对薄煤层水文地质条件的适应性相对较强。刨煤机切割含水煤层或顶底板，易出现飘刀，水文地质条件复杂的情况下不宜采用刨煤机综采工艺。

多数情况下，利用技术对比很难定量确定薄煤层合理开采工艺，薄煤层开采方法的选择一般分为两个步骤：

首先，根据薄煤层赋存特征、工作面围岩特征、地质构造、水文、瓦斯等开采地质条件对薄煤层进行聚类评价，这一阶段称为采煤方法的初选[49,50]，如图2-1所示。

其次，针对初选评价中技术上可行的采煤方法集合，需要综合考虑地质因素以外的其他因素，建立更为合理的决策模型，采用数学方法从可行的采煤方法集合中寻求最优解，称为采煤方法的优选，如图2-2所示。

2.1 薄煤层长壁综采工作面开采方法初选

由于滚筒采煤机、刨煤机开采工艺对地质条件的适应性差异较大，针对这种实际，通过构建综采工艺地质条件评价指标体系，分别对薄煤层地质条件进行工艺性评价，定量衡量煤层地质条件对特定采煤工艺方式的适应能力。

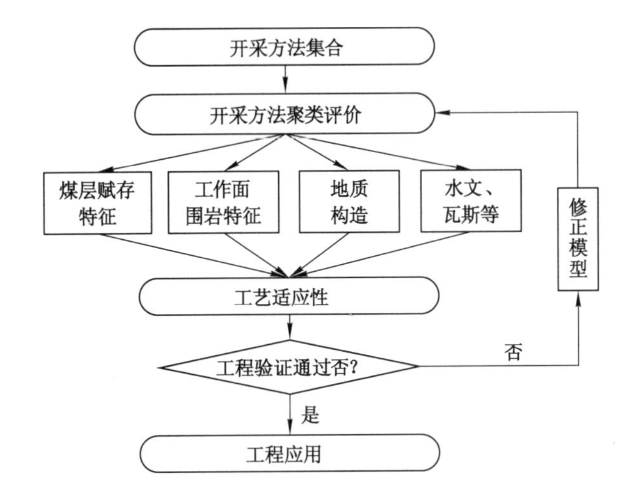

图 2-1 薄煤层开采方法初选决策流程图

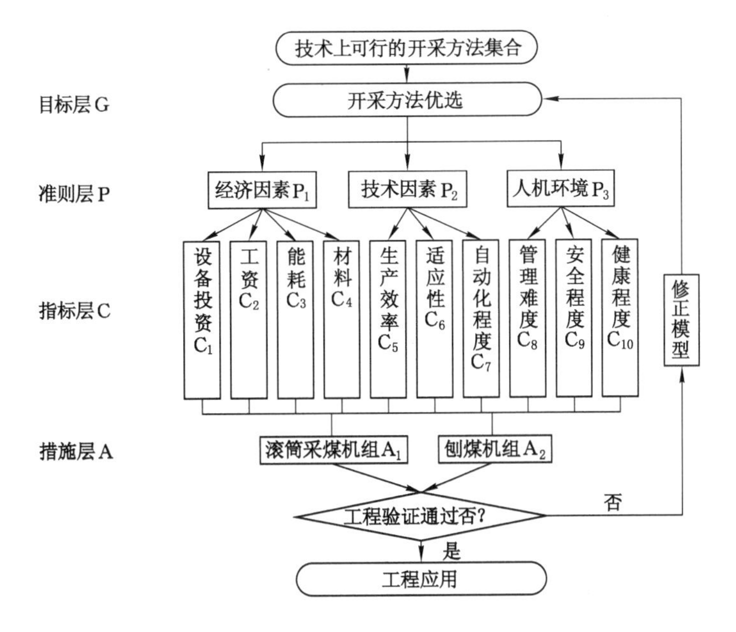

图 2-2 薄煤层开采方法优选决策流程图

2.1.1 薄煤层开采方法初选工作流程

薄煤层开采方法初选阶段实施的精细化流程如图 2-3 所示，依据工作面的地质特征对薄煤层工作面进行滚筒采煤机综采工艺性评价和刨煤工艺性评价。薄煤层地质条件工艺性的定量评价采用模糊综合评价方法，其基本步骤包括指标选取与量化、隶属函数构造、因素权重确定、综合评价模型建立。薄煤层地质条件工艺性评价是对地质条件适应程度进行多层次综合评价，将单因素的评价按一定算法映射为一综合评价值，并以此综合评价值的大小来衡量评价样本属性的优劣程度。根据两种工艺的评价结果进行采煤工艺的初选，初选的原则为：

(1) 当两种工艺的评价值均小于 0.6 时，则选取其他的采煤工艺；

(2) 当评价值仅有一个大于 0.6 时，则选择评价值大于 0.6 的综采工艺；

(3) 当评价值均大于 0.6 时，则利用薄煤层开采方法的优选理论进行工艺选择。

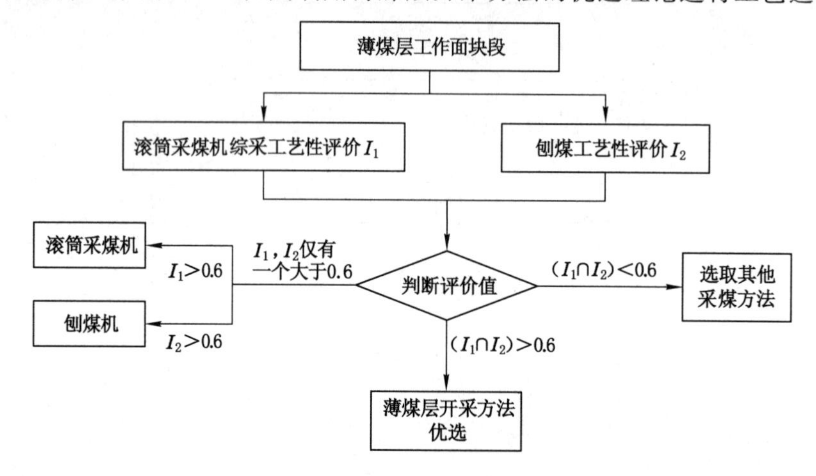

图 2-3　薄煤层地质条件可采性评价流程

2.1.2　滚筒采煤机综采工艺地质条件评价

2.1.2.1　指标体系构建

选取地质构造、煤层稳定性、煤层厚度、煤层倾角、工作面块度、煤层硬度、顶底板条件及其他条件为指标[51]，构建滚筒采煤机综采工艺可采性评价指标体系，如图 2-4 所示。

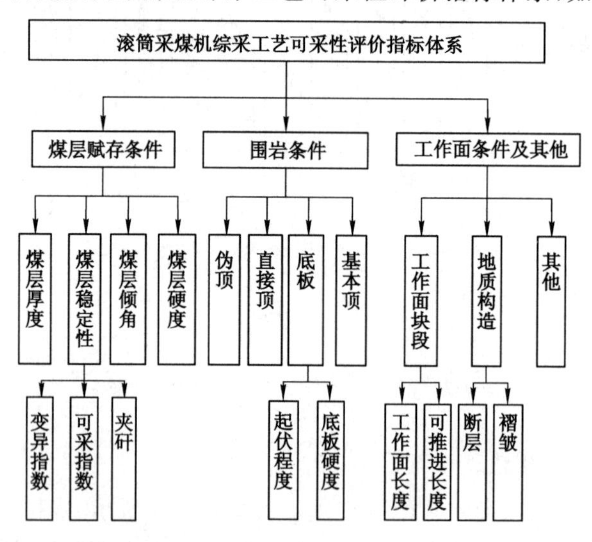

图 2-4　薄煤层滚筒采煤机综采工艺地质条件评价指标体系

2.1.2.2　评价指标选取与量化

薄煤层地质条件综合适应性评价基因素主要包括煤层厚度、倾角、硬度、变异性、可采性、夹矸、直接顶、伪顶、基本顶、底板硬度、底板起伏程度、工作面长度、可推进长度、断层、褶皱及其他(瓦斯、水文和煤的自燃倾向等)16 个基因素。

为了对基因素进行评价，首先对指标进行量化。

(1) 煤层厚度

评价煤层厚度以块段内见煤钻孔煤厚平均值为评价指标。

(2) 煤层倾角

煤层倾角 α 对工作面支架的稳定性、采煤机运行速度、输送机生产能力、工人作业难易程度均有较大影响。评价煤层倾角以块段内见煤钻孔煤层倾角平均值为评价指标。

(3) 煤层硬度

煤层硬度是影响机械化开采的一个因素。在目前采煤机功率逐渐加大的趋势下，煤层坚固性系数较低(不超过 3～4)时，对于工作面产量的影响较小；而坚固性系数极低(小于 1)或节理发育成为制约薄煤层综采产量的重要因素，当煤层有夹矸存在时以煤层的综合强度 R 作为评价指标。

$$R = (1 - G)R_c + GR_e \tag{2-1}$$

式中 G——夹矸率；

R_e——夹矸岩石强度；

R_c——煤的单向抗压强度。

(4) 煤层稳定性

煤层稳定性包括煤层厚度变化、可采程度和结构变化三方面的含义，分别可以用煤厚变异系数 γ、可采性指数 k_m、含矸系数 G 表示。我国《煤矿地质工作规定》规定薄煤层以 k_m 为主要指标，γ 为辅助指标。

(5) 煤层顶底板条件

评价煤层顶底板情况，选择直接顶岩层单向抗压强度 R_d 作为评价指标；评价伪顶影响，取伪顶厚度 h_0 作为评价指标；选用直接顶厚度与采高的倍数比 $N=\mathring{a}h_i/H$ 作为反映基本顶支撑条件的概略性指标；对于底板而言，取直接底岩层的单向抗压强度 R_d' 作为评价指标，底板的起伏程度对工作面设备的运行效率和设备稳定性具有重要的影响。

(6) 工作面块度

工作面块度包括两个指标：工作面可布置面长、可推进长度。

(7) 断层

全面地描述断层对开采的影响需 3 个指标：断层密度、断层长度指数、断层落差系数。断层密度 q_1 是指单位面积内断层的条数；断层长度指数 q_2 是指块段单位面积内断层长度之和；断层落差系数 q_3 是指断层落差 h 与煤层采高 m 的比值，可以用煤层开采厚度的对数函数进行修正。

(8) 褶曲

① 褶皱强度系数，类似于线应变的概念，即：

$$p_1 = \frac{L' - L}{L} \tag{2-2}$$

式中 L'——在垂直褶皱的剖面上两点间煤层实际长度，m；

L——该两点的水平投影长度，m。

② 褶皱复杂性系数，是褶皱的煤层面斜率和煤层底板等高线曲率的乘积，其表达式为：

$$p_2 = \frac{\Delta h\omega}{ls} \tag{2-3}$$

式中 Δh——块段内最高与最低等高线高差，m；

l——块段内最高与最低等高线平距，m；

ω——用弧度表示的等高线走向的变化值，rad；

s——块段面积，km^2。

(9) 其他条件

按照《煤矿安全规程》对瓦斯矿井的分类，分为Ⅰ、Ⅱ、Ⅲ三个类别，分别代表低瓦斯矿井、高瓦斯矿井、煤与瓦斯突出矿井，并赋值1、0.5、0.2。

按《煤矿防治水规定》，从矿区水文地质条件、巷道充水及其相互关系出发，将矿井水文地质划分为简单、中等、复杂、极复杂4个类型，代号为Ⅰ、Ⅱ、Ⅲ、Ⅳ，赋值为0.8、0.6、0.4、0.2。

煤层自燃倾向性等级分为Ⅰ、Ⅱ、Ⅲ、Ⅳ级，赋值分别为1、0.8、0.5、0.2。

2.1.2.3 隶属函数构造

(1) 煤层厚度影响因素取值

煤层厚度的隶属函数：

$$\mu_m(m)=\begin{cases}0.6m-0.02 & 0.5\leqslant m\leqslant 0.7\\0.8m-0.16 & 0.7\leqslant m\leqslant 0.9\\1.0m-0.34 & 0.9\leqslant m\leqslant 1.1\\1.2m-0.56 & 1.1\leqslant m\leqslant 01.3\end{cases}\tag{2-4}$$

(2) 煤层倾角影响因素取值

煤层倾角的隶属函数：

$$\mu_\alpha(\alpha)=\begin{cases}1.0 & 0^\circ\leqslant\alpha\leqslant 8^\circ\\0.6m-0.02 & 8^\circ\leqslant\alpha\leqslant 15^\circ\\0.8m-0.16 & 15^\circ\leqslant\alpha\leqslant 25^\circ\\1.0m-0.34 & 25^\circ\leqslant\alpha\leqslant 35^\circ\\1.2m-0.56 & 35^\circ\leqslant\alpha\end{cases}\tag{2-5}$$

(3) 煤层硬度影响因素取值

煤层坚硬程度的隶属函数：

$$\mu_R(R)=\begin{cases}0.166\,7R & 3\leqslant R\leqslant 6\\1.0 & 6\leqslant R\leqslant 12\\-0.041\,67R+1.5 & 12\leqslant R\leqslant 18\\-0.013\,89R+1 & 18\leqslant R\leqslant 36\\-0.028\,6R+1.528\,36 & 36\leqslant R\leqslant 50\end{cases}\tag{2-6}$$

(4) 煤层稳定性影响因素取值

煤层变异系数的隶属函数：

$$\mu_\gamma(\gamma)=\begin{cases}1-2\sqrt{\gamma} & 0\leqslant\gamma\leqslant 0.25\\0 & 0.25\leqslant\gamma\end{cases}\tag{2-7}$$

煤层开采指数的隶属函数：

$$\mu_{k_m}(k_m)=\begin{cases}0.1 & k_m\leqslant 0.5\\ 3k_m-1.4 & 0.5\leqslant k_m\leqslant 0.6\\ 1.5k_m-0.5 & 0.6\leqslant k_m\leqslant 0.8\\ 2k_m-0.9 & 0.8\leqslant k_m\leqslant 0.95\\ 1.0 & 0.95\leqslant k_m\end{cases}\tag{2-8}$$

夹矸系数的隶属函数：

$$\mu_G(G)=\begin{cases}1.0 & G\leqslant 5\\ 1.1-2G & 5\leqslant G\leqslant 10\\ 1.4-5G & 10\leqslant G\leqslant 15\\ 2.3-11G & 15\leqslant G\leqslant 20\\ 0.1 & 20\leqslant G\end{cases}\tag{2-9}$$

(5) 煤层顶底板条件影响因素取值

伪顶影响因素 h_0 的隶属函数：

$$\mu_{h_0}(h_0)=\begin{cases}1.0 & h_0\leqslant 0.2\\ -3h_0+1.6 & 0.2\leqslant h_0\leqslant 0.5\\ 0.1 & 0.5\leqslant h_0\end{cases}\tag{2-10}$$

直接顶岩层抗压强度 R_d 的隶属函数：

$$\mu_{R_d}(R_d)=\begin{cases}1.0 & R_d\leqslant 25\\ In(1.684\,92\times 10^{-4}R_d^2+0.011\,673\,5R_d+0.708\,933) & 25\leqslant R_d\leqslant 80\\ 0.1 & R_d\geqslant 80\end{cases}\tag{2-11}$$

基本顶支撑条件 N 的隶属函数：

$$\mu_N(N)=\begin{cases}0.05 & N\leqslant 0.1\\ 0.436\,3In+1.004\,5 & 0.1\leqslant N\leqslant 1.0\\ 0.1 & 1.0\leqslant N\end{cases}\tag{2-12}$$

底板抗压强度 R_d' 的隶属函数：

$$\mu_{R_d'}(R_d')=\begin{cases}0.1 & R_d'\leqslant 7.2\\ 0.510\,3In\,R_d'-0.907\,41 & 7.2\leqslant R_d'\leqslant 42\\ 0.1 & 42\leqslant R_d'\end{cases}\tag{2-13}$$

底板起伏程度用工作面输送机竖向弯曲度 R 来描述，其隶属函数：

$$\mu_R(R)=\begin{cases}1.0-0.12R & R\leqslant 5^\circ\\ e^{0.102\,1R} & 5^\circ<R\end{cases}\tag{2-14}$$

(6) 工作面长度条件影响因素取值

工作面长度 L 的隶属函数：

$$\mu_L(L)=\begin{cases}0.005L-0.1 & 40\leqslant L\leqslant 60\\ 0.015L-0.7 & 60\leqslant L\leqslant 80\\ 0.012\,5L-0.5 & 80\leqslant L\leqslant 100\\ 0.006\,67L+0.483 & 100\leqslant L\leqslant 130\\ 1.0 & 150\leqslant L\end{cases}\tag{2-15}$$

工作面可推进长度 S 的隶属函数：

$$\mu_S(S)=\begin{cases}0 & S\leqslant 50\\ 0.402\,43In(S)-1.574\,3 & 50\leqslant S\leqslant 600\\ 1.0 & 600\leqslant S\end{cases} \tag{2-16}$$

(7) 断层影响因素取值

断层的多元隶属表达式为：

$$\mu_{\underline{a}}(q_1,q_2,q_3)=\frac{2}{1+\exp(1.8\times10^{-3}+4.2\times10^{-2}q_1+6.4\times10^{-2}q_2+7.1\times10^{-4}q_3)} \tag{2-17}$$

(8) 褶皱影响因素取值

褶皱的多元隶属表达式为：

$$\mu_{\underline{b}}(p_1,p_2)=\frac{10}{2+\exp(1.197\,5+8.500\,14\times10^{-3}p_1+1.302\,82p_2)} \tag{2-18}$$

2.1.2.4 定量评价结果与可采性分类

评价模型中各层因素相对重要性的计算，即权重的确定，是实现评价结构和功能相统一的关键，对整个模型的效果和适用性影响很大。计算权重的方法很多，本书采用统计分析法、专家打分法和层次分析法，通过构造判断矩阵及一致性检验，确定薄煤层综采工艺综合评判模型各因素的权重值[52]。

为了更好地进行定量分析，按照薄煤层滚筒采煤机可采性指标分为五类，0 表示最难采，1 表示最易采，从 0 到 1 将薄煤层可采性划分为五类，见表 2-1。

表 2-1　　薄煤层滚筒采煤机可采性分类表

分类	可采性指标	说　明
极易采	[0.8,1)	煤厚 1.2 m 左右，倾角小于 8°，坚硬程度适中，煤层平整，无起伏与夹矸，不粘顶，可布置工作面较长，可推进长度大于 600 m，低瓦斯矿井，水文条件较好，煤层不易自燃
易采	[0.6,0.8)	煤厚 1.0 m 左右，倾角小于 15°，坚硬程度适中，煤层厚度有较小变化，无起伏，少量夹矸，不粘顶，可布置工作面较长，可推进长度大于 400 m，低瓦斯矿井，水文条件一般，煤层不易自燃
一般可采	[0.4,0.6)	煤厚 0.8 m 左右，倾角小于 25°，坚硬程度适中，煤层厚度有一定变化，有起伏与部分夹矸，轻微粘顶，可布置工作面长度不足，可推进长度大于 200 m，低瓦斯矿井，水文条件一般，煤层易自燃
难采	[0.2,0.4)	煤厚 0.6 m 左右，倾角小于 35°，坚硬程度偏硬或偏软，煤层厚度有明显变化，有起伏和较多的夹矸，可布置工作面较短，可推进长度大于 100 m，高瓦斯矿井，水文条件较差，煤层易自燃
极难采	[0,0.2)	煤厚 0.6 m 左右，倾角大于 35°，坚硬程度过软或过硬，煤层厚度变化大，有较大起伏与较厚夹矸，可布置工作面较短，可推进长度小于 100 m，瓦斯突出矿井，水文条件较差，煤层极易自燃

2.1.3 刨煤机综采工艺地质条件评价

2.1.3.1 指标体系构建

选取煤层硬度、煤层厚度、煤层倾角、煤层顶板、煤层底板、夹矸情况、煤层结构及其他条件等为指标[29]，构建刨煤机综采工艺地质条件评价指标体系，如图 2-5 所示。

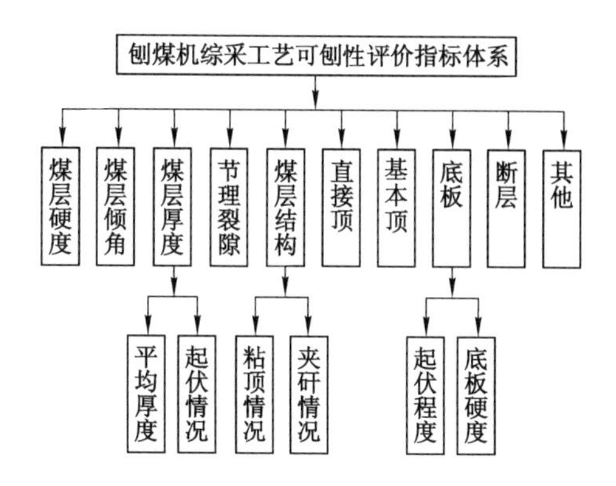

图 2-5 刨煤机综采工艺地质条件评价指标体系

2.1.3.2 评价指标选取与量化

(1) 煤层硬度

煤的硬度是影响刨煤机使用效果的一个重要因素，而煤层硬度与煤的成因、变质程度、胶结状况、化学成分等有直接关系。煤质越硬，刨煤机的刨削阻力、挤压力和横向反力越大，刨头运行稳定性也越差，功率消耗大，刨刀磨损快，设备使用寿命短，刨煤越困难。采用坚固性系数 f 作为影响可刨性指标。

(2) 煤层厚度

国内外研究表明，煤层厚度在 1.4 m 以下时，使用刨煤机采煤比较有利；当煤层厚度大于 1.5 m 时，采用滚筒采煤机经济效益较好。刨煤机的开采上限厚度为 2.5 m，下限为 0.6 m，但应以取得最好的经济效益为依据选择回采工艺。评价煤层厚度以块段内见煤钻孔煤厚平均值为评价指标。同时，煤层起伏程度对刨煤机开采影响程度较大，刨煤机开采时刨刀调高工艺较为复杂，一般采用固定的刨煤高度，对煤层厚度变化的适应性较差。煤层起伏程度采用块段内见煤钻孔煤厚的极差表示。

(3) 煤层结构

煤层结构对刨煤机采煤有较大影响。当煤层不粘顶时，煤刨的高度一般为煤层厚度的 1/3～1/2。如果煤层中有夹矸层，会直接影响到刨头刨煤效果。夹矸太硬或含有结核物，则需辅以爆破处理，如果结核含量低于 2.5%，则影响不大，夹矸层位于刨头上部同样需用辅助方法处理，这样就增加了工序，影响正常刨煤。因此，夹矸对煤层适刨性的影响可通过夹矸的硬度、夹矸厚度和夹矸的位置进行量化。

(4) 煤层倾角

刨煤机对煤层倾角比较敏感，倾角大时，设备容易下滑，且处理地质构造和控制顶板的难度增大。目前，刨煤机一般用在倾角 25°以下的煤层较为有利，少数用到倾角 30°以上的煤层。煤层倾角越大，上行刨煤阻力越大，机械故障明显增多。评价煤层倾角以块段内见煤钻孔煤层倾角平均值为评价指标。

(5) 煤层节理裂隙

煤层的节理裂隙与工作面的相互位置关系，直接影响到刨削力、功率消耗、刨头的稳定性、煤块大小以及刨刀等部件的损耗。实验表明，当刨煤方向与煤层主要节理裂隙的夹角为 45°时，单位能耗最小；当节理裂隙方向与刨煤方向垂直时，刨削阻力最大；当节理裂隙方向与工作面方向相交呈 135°时，单位耗能最大。

(6) 煤层顶板

刨煤机刨深小，顶板暴露面积小，刨煤时引起的顶板下沉量不大，顶板下沉不剧烈，加之刨速快，可使控顶时间缩短，能较好地控制顶板。从开切眼起，由于受支承压力的影响，煤壁被压酥，随工作面的推进，在移动支承压力的作用下煤壁压酥对刨煤机非常有利。煤层硬度不同，基本顶对煤层的压酥作用效果也不尽相同。

(7) 煤层底板

煤层底板对刨煤机开采具有重要的影响。如果底板起伏不平，无论沿煤层走向或倾向不平，对煤刨的运行和机组的推移都有很大影响，会出现啃底、飘刀及其他刨头运行不稳等情况，为此要求底板平整，没有底鼓或超过 7°～10°倾角的起伏。底板硬度不能太低，如果底板松软，易出现啃底，甚至扎入底板；底板越硬越平整，则对刨煤机越有利。底板的起伏程度用工作面输送机竖向弯曲度 R 来量化，硬度用坚固性系数进行量化。

(8) 断层

对刨煤机采煤影响比较大的地质构造主要是断层，小落差断层勘探失控就会给刨煤带来严重影响。断层不仅使顶板失去连续性造成顶板破碎，而且会使顶板出现台阶，使煤厚发生变化，给刨煤造成困难。研究和实践表明，当断层落差小于 0.5 倍煤厚时，顶板岩石坚硬，则需提前爆破处理。当断层落差大于 0.5 倍煤厚时，则刨煤机过断层难度增大，甚至造成工作面搬家。小断层落差小于 0.3～0.5 m 时可用刨煤机，大于 0.5 m 时应做超前处理。

(9) 其他条件

工作面涌水较大时，会给运输、支护、管理带来困难。高瓦斯矿井使用刨煤机必须设计合理的风量和风速，以便于排放瓦斯和散发热量。自然发火期短的煤层，要使工作面保持一定的推进度和采取防止自然发火的措施。

其他条件影响因素主要指水文、瓦斯、自燃、地温等因素，综合为极简单、简单、一般、复杂、极复杂五个层次，用 Q 来表示，极简单时为 10，极复杂时为 0，则其与适刨性 I 的关系为：

$$I = Q/10 \tag{2-19}$$

2.1.3.3 隶属函数构造

(1) 煤层硬度

煤层硬度指标 f 与煤层适刨性指标 I 的关系数学表达式为：

$$I = \begin{cases} 1.0 - 0.1f & f \leqslant 1.5 \\ 1.3 - 0.3f & 1.5 < f \leqslant 3.5 \\ 0.6 - 0.1f & 3.5 < f \end{cases} \tag{2-20}$$

(2) 煤层厚度

煤层厚度 h 与适刨性指标 I 的关系数学表达式为：

$$I = \begin{cases} 1.0h - 0.2 & 0.4 < h < 0.8 \\ 0.5h + 0.2 & 0.8 < h < 1.6 \\ -1.5h + 3.4 & 1.6 < h < 2.0 \\ -3.0h + 6.4 & 2.0 < h \end{cases} \tag{2-21}$$

煤层起伏程度与适刨性指标 I 的关系数学表达式为：

$$I = 1 - \frac{h_{\max} - h_{\min}}{\bar{h}} \tag{2-22}$$

(3) 煤层结构

根据煤层粘顶的程度，将粘顶情况分为不粘顶、轻微粘顶、粘顶三个层次，用 K 值来表示，不粘顶为 10，轻微粘顶为 5，粘顶为 0。则其与适刨性指标 I 的关系数学表达式为：

$$I = \frac{K}{10} \tag{2-23}$$

夹矸硬度用夹矸坚固性系数 f 来描述，与适刨性指标 I 的关系数学表达式为：

$$I = \begin{cases} 1.0 - f & f \leqslant 1.5 \\ -0.225f + 0.85 & 1.5 \leqslant f \leqslant 4.0 \\ -f + 4.2 & 4.0 \leqslant f \end{cases} \tag{2-24}$$

夹矸厚度指标用夹矸厚度 h' 与煤层厚度 h 的比值 r 来描述，与适刨性指标 I 的关系数学表达式为：

$$I = \begin{cases} -2r + 1 & r \leqslant 0.2 \\ -3r + 1.2 & 0.2 \leqslant r \leqslant 0.4 \\ 0 & 0.4 < r \end{cases} \tag{2-25}$$

夹矸位置指标利用夹矸底界至煤层底板的距离 d 与煤层厚度 h 的比值 r' 来描述，与分类指标 I 的关系表达式为：

$$I = \begin{cases} 0.8 - r' & r' \leqslant 0.2 \\ 1 - 2r' & 0.2 \leqslant r' \leqslant 0.5 \\ 2r' - 1 & 0.5 \leqslant r' \leqslant 0.8 \\ -0.2 + r' & 0.8 \leqslant r' \leqslant 1.0 \end{cases} \tag{2-26}$$

(4) 煤层倾角

煤层倾角 α 与适刨性指标 I 之间的关系数学表达式为：

$$I = \begin{cases} 1.0 & \alpha \leqslant 5^\circ \\ -0.02\alpha + 1.1 & 5^\circ \leqslant \alpha \leqslant 15^\circ \\ -0.04\alpha + 1.3 & 15^\circ < \alpha \leqslant 30^\circ \\ -\alpha + 3.2 & 30^\circ < \alpha \end{cases} \tag{2-27}$$

(5) 煤层节理裂隙

主节理面与刨刀运行方向夹角影响煤层的可刨性，夹角 ϕ 与煤层可刨性指标 I 的关系数学表达式为：

$$I = \begin{cases} -\phi/150 + 1.0 & \phi \leqslant 90^\circ \\ \phi/150 - 0.2 & 90^\circ < \alpha \leqslant 180^\circ \end{cases} \tag{2-28}$$

(6) 煤层顶板

影响煤层适刨性的主要是顶板的强度和来压强度。

顶板的稳定性用顶板的强度 R 指标来描述，其与 I 的关系数学表达式为：

$$I = \begin{cases} 0.1 & R \leqslant 25 \\ In(1.684\ 92) \times 10^{-4} R^2 + 0.011\ 637\ 5R + 0.708\ 933 & 25 \leqslant R \leqslant 80 \\ 1.0 & 80 \leqslant R \end{cases} \tag{2-29}$$

顶板的压酥作用用基本顶周期来压步距 L 来描述，其与 I 的关系数学表达式为：

$$I=\begin{cases}0.5 & L\leqslant 25\\ L/50 & 25<L\leqslant 50\\ 1.0 & 50<L\end{cases} \tag{2-30}$$

(7) 煤层底板

底板的起伏程度和硬度对刨煤机的开采均有影响。

底板起伏程度用工作面输送机竖向弯曲度 R 来描述，其与 I 的关系数学表达式为：

$$I=\begin{cases}1.0-0.12R & R\leqslant 5^{\circ}\\ e^{0.1021R} & 5^{\circ}<R\end{cases} \tag{2-31}$$

底板的硬度用坚固性系数 f 来描述，其与适刨性指标 I 的关系数学表达式为：

$$I=\begin{cases}0.4f-0.04f^{2} & f\leqslant 5\\ 1.0 & f>5\end{cases} \tag{2-32}$$

(8) 断层

断层用断层落差 d 来描述其影响程度，d 与 I 的关系数学表达式为：

$$I=\begin{cases}-1d+1.0 & d\leqslant 0.3\\ -2d+1.3 & 0.3<d\leqslant 0.5\\ 5e^{-5.05} & 0.5<d\end{cases} \tag{2-33}$$

断层密度 q_1 是指单位面积内断层的条数，$q_1=n_1/s$，单位：条/km^2，n_1 为块段内断层条数，s 为块段面积。断层密度 q_1 与适刨性指标 I 的关系数学表达式为：

$$I=\begin{cases}-0.5q_1+1.0 & q_1\leqslant 1\\ 0.5e^{-2.3025} & 1<q_1\end{cases} \tag{2-34}$$

2.1.3.4 定量评价结果与适刨性分类

经过层次分析法及专家打分系统得出地质因素相对目标层的权系数，并将各基因素的取值带入，得到基因素的相对权值及权值总数。

为了更好地进行定量分析，按照薄煤层刨煤机可采性分为五类，0 表示最难刨，1 表示最易刨，从 0 到 1 将薄煤层刨煤机适刨性划分为五类，见表 2-2。

表 2-2　　薄煤层刨煤机适刨性分类表

分类	可采性指标	说　明
极易刨	[0.8,1)	构造简单，无断层，节理发育，煤厚大于 1.2 m，倾角小于 10°，$f<2$，不粘顶，不片帮，煤层平整，无起伏与夹矸，低瓦斯矿井，水文条件较好，煤层不易自燃
易刨	[0.6,0.8)	构造较简单，有小断层或褶皱，节理较发育，煤厚大于 1.0 m，倾角小于 12°，坚硬程度适中，有少量夹矸，煤层顶底板稳定，低瓦斯矿井，水文条件与煤层自燃不影响正常生产
一般适刨	[0.4,0.6)	构造一般，有一两条落差大于采高 1/2 的断层，煤厚大于 0.8 m，倾角小于 25°，$2<f<3$，有起伏与部分夹矸，顶板条件较好，低瓦斯矿井，水文条件和煤层自燃影响生产
难刨	[0.2,0.4)	构造发育，煤厚大于 0.6 m，倾角变化大，坚硬程度偏硬或偏软，煤厚有明显变化，有较多的夹矸，顶底板条件差，有明显的底鼓，高瓦斯矿井，淋水和煤层自燃时有发生
极难刨	[0,0.2)	构造复杂，有大断层或褶皱，煤厚小于 0.6 m，倾角大，坚硬程度过软或过硬，有较厚夹矸，顶底板条件差，有严重的底鼓，瓦斯突出矿井，水文条件较差，煤层极易自燃

2.1.4 薄煤层综采工艺的经济性评价

对薄煤层综采工艺进行经济可采性评价，采用“费用—效益”分析法构建经济可采性评价模型[53]，比较两种开采工艺方式的经济性，为：

$$P_i - C_i - OC - [MCC + (f_1 \cdot ECC_1 + f_2 \cdot ECC_2)] \geqslant 0 \tag{2-35}$$

式中 P_i——回采薄煤层块段 i 资源的平均吨煤售价；

C_i——回采薄煤层块段 i 资源的吨煤生产成本；

OC——其他吨煤费用；

MCC——矿产资源吨煤补偿费，元/t；

ECC_1——环境破坏吨煤赔偿费，元/t；

ECC_2——破坏环境治理吨煤补偿费，元/t；

f_1，f_2——环境影响系数，$0 \leqslant f_1 \leqslant 1$，$0 \leqslant f_2 \leqslant 1$。

薄煤层综采工艺的经济性评价理论为薄煤层能否开采提供了评价标准，本书提到的薄煤层综采工作面均能够满足薄煤层综采工艺的经济性评价，此处不再赘述。

2.1.5 薄煤层综采工作面开采方法初选工程实践

在薄煤层机械化开采体系的构建下，对山东淄博、兖州、安徽淮北、河北邯郸、山西朔州、陕西韩城、榆林凉水井、陕西南梁煤矿等 8 个矿区 17 个矿井薄煤层工作面进行详细的调研，搜集相关的地质资料，详情见表 2-3。

表 2-3　部分薄煤层工作面基础地质条件

地质条件＼工作面名称	朱庄矿Ⅱ646工作面	凉水井矿 4-3 煤层首采面	郭二庄矿 22204 工作面	小青矿 W_2-713 工作面	马兰矿 10508 工作面	南屯矿 3602 工作面
煤层厚度/m	1.25	1.02	1.48	1.39	1.30	0.92
设计采高/m	1.3	1.0	1.8	1.4	1.3	1.0
煤层倾角/(°)	8	1	23	3	3	4
煤层密度/(t/m³)	1.30	1.29	1.68	1.30	1.25	1.25
坚固性系数	2.0	3.0	3.0	2.5	1.5	3.0
直接顶条件	中粒砂岩，10 m	细粒砂岩	泥岩，2.48 m	粉砂岩	砂质泥岩	灰岩，5.28 m
基本顶条件	中粒砂岩，8.0 m	细粒砂岩、粉砂岩	中粒砂岩，16 m	粗砂岩，20 m	泥岩	泥岩，6.52 m
底板条件	砂质泥岩，12 m	粉砂岩，7.5 m	泥岩、细砂岩	泥岩	砂质泥岩	铝质泥岩，1.28 m
夹矸特性	无	一般不含夹矸	一般不含夹矸	无	无	含黄铁矿结核
自燃倾向性	不易自燃	属自燃煤层	不易自燃	不易自燃	不易自燃	易自燃
瓦斯类型	低瓦斯矿井	低瓦斯矿井	低瓦斯矿井	高瓦斯矿井	低瓦斯矿井	低瓦斯矿井
水文地质条件	简单	中等	简单	简单	简单	中等
工作面断层	较少，落差较小	较少，落差较小	较多，落差较小	较少	较少	较多，落差较大
工作面长度/m	185	180	156		195	165
连续推进长度/m	930	1 200	1 288	1 712	1 240	1 147
工作面月产量/万 t	5.0	6.24	7.9	8.75	11.0	2.88

续表 2-3

地质条件＼工作面名称	小屯矿 14459 工作面	沙曲矿 22201 工作面	潘西矿 1701 工作面	南梁矿 20302(1) 工作面	唐山沟矿 8812 工作面
煤层厚度/m	1.30	1.10	0.65	1.40	1.60
设计采高/m	1.3	1.6	0.65	1.4	1.6
煤层倾角/(°)	4.5	4	15	1.6	4
煤层密度/(t/m^3)	1.55	1.36	1.31	1.29	1.36
坚固性系数	2	0.4	1.5	4	1.5～2.0
直接顶条件	石灰岩，1.4 m	砂质泥岩，6.27 m	粉砂岩，7.4 m	粗砂岩，1.1～6.0 m	细砂岩，5 m
基本顶条件	砂质页岩，2.8 m	泥岩，12.5 m	灰色粉砂岩，8.2 m	中粒砂岩，3～8 m	中粗粒砂岩，9 m
底板条件	砂质页岩、细砂岩	石英细砂岩、砂岩	细砂岩、砂质页岩	泥岩	粉砂岩，1.5 m
夹矸特性	厚 0.1～0.2 m	无	无	无	无
自燃倾向性	自燃煤层	不易自燃	不易自燃	易自燃	易自燃
瓦斯类型	低瓦斯矿井	煤与瓦斯突出矿井	低瓦斯矿井	低瓦斯矿井	低瓦斯矿井
水文地质条件	中等	中等	简单	简单	简单
工作面断层	较多，落差较小	2 条落差 1.2 m 断层	较少，落差较小	无断层	较少，落差较小
工作面长度/m	100	150	40	150	99
连续推进长度/m	958	1 515	1 043	578	919
工作面月产/万 t	3.75	3.0	0.375	3.7	6.0

根据上述工艺评价指标选取与量化准则，对所调研煤矿薄煤层工作面包括煤层厚度、倾角、硬度、变异性、可采性、夹矸、直接顶、伪顶、基本顶、底板硬度、底板起伏程度、工作面长度、可推进长度、断层、褶皱及其他(瓦斯、水文和煤的自燃倾向等)等 16 个基因素分别进行滚筒采煤机综采工艺和刨煤机综采工艺地质评价指标的量化，对地质条件分别进行滚筒采煤机综采工艺及刨煤机综采工艺评价，评价结果见表 2-4 与表 2-5，开采方法初选结果汇总见表 2-6。

表 2-4　　工作面滚筒采煤机开采工艺性评价

基因素	指标的权系数	指标无量纲取值										
		朱庄矿 Ⅱ646 工作面	凉水井矿 4-3 煤层首采面	郭二庄矿 22204 工作面	小青矿 W_2-713 工作面	马兰矿 10508 工作面	南屯矿 3602 工作面	小屯矿 14459 工作面	沙曲矿 22201 工作面	潘西矿 1701 工作面	南梁矿 20302(1) 工作面	唐山沟矿 8812 工作面
断层密度	0.107 2	0.8	1.0	0.79	0.62	0.71	0.52	0.66	0.82	0.48	1.0	0.84
断层落差	0.015 3	0.53	1.0	0.4	0.5	0.62	0.44	0.53	0.5	0.56	1.0	0.79

续表 2-4

基因素	指标的权系数	指标无量纲取值										
		朱庄矿Ⅱ646工作面	凉水井矿4-3煤层首采面	郭二庄矿22204工作面	小青矿W_2-713工作面	马兰矿10508工作面	南屯矿3602工作面	小屯矿14459工作面	沙曲矿22201工作面	潘西矿1701工作面	南梁矿20302(1)工作面	唐山沟矿8812工作面
煤层可采性	0.028 3	0.475	0.67	0.67	0.7	0.8	1.0	0.8	0.7	0.67	0.67	0.67
煤层变异性	0.113 3	0.54	0.78	0.083	0.5	0.57	0.744	0.75	0.6	0.45	0.73	0.73
煤层厚度	0.311 1	0.94	0.68	1.0	1.0	1.0	0.58	1.0	0.83	0.37	1.0	1.0
煤层倾角	0.186 5	0.94	1.0	0.72	1.0	1.0	1.0	1.0	1.0	0.8	1.0	1.0
煤层坚硬性	0.060 1	0.92	0.922 5	0.427	0.63	0.44	0.653	0.65	0.8	0.5	0.64	0.25
直接顶条件	0.021 6	0.8	0.766 2	0.766	0.71	0.82	1.0	0.68	0.5	0.65	0.72	0.69
底板条件	0.011 6	1.0	0.9	1.0	0.65	0.68	0.91	0.8	0.78	0.8	0.87	0.9
伪顶条件	0.011 6	1.0	1.0	1.0	0.44	0.8	1.0	1.0	0.52	1.0	1.0	1.0
基本顶条件	0.006 2	0.82	1.0	0.780	1.0	0.74	1.0	1.0	1.0	0.8	1.0	1.0
工作面长度	0.052 1	1.0	1.0	1.0	1.0	1.0	1.0	0.75	1.0	0.4	1.0	0.73
可推进长度	0.015 7	1.0	1.0	1.0	1.0	1.0	1.0	1.0	1.0	1.0	0.98	1.0
瓦斯条件	0.052 2	1.0	1.0	1.0	0.5	1.0	1.0	1.0	0.4	4.0	1.0	1.0
水文条件	0.015 8	0.8	0.4	0.8	1.0	1.0	0.5	0.6	0.4	0.8	1.0	1.0
煤层自燃	0.028 7	1.0	1.0	0.5	0.8	1.0	1.0	0.8	1.0	0.8	0.5	0.5
权值总数	1.0	0.898 4	0.883 1	0.781 8	0.852 8	0.900 8	0.787 8	0.904 3	0.831 9	0.498 6	0.953 5	0.895 6

表 2-5　　工作面刨煤机综采开采工艺性评价

基因素	指标的权系数	指标无量纲取值										
		朱庄矿Ⅱ646工作面	凉水井矿4-3煤层首采面	郭二庄矿22204工作面	小青矿W_2-713工作面	马兰矿10508工作面	南屯矿3602工作面	小屯矿14459工作面	沙曲矿22201工作面	潘西矿1701工作面	南梁矿20302(1)工作面	唐山沟矿8812工作面
煤层硬度	0.240 5	0.4	0.85	0.55	0.65	0.85	0.4	0.46	0.7	0.55	0.2	0.45
煤层厚度	0.042 8	0.81	0.71	0.94	0.895	0.85	0.66	0.75	0.85	0.45	0.8	1.0
煤层节理	0.059 7	0.8	0.4	0.7	0.8	0.8	1.0	1.0	1.0	1.0	0.7	0.7
夹矸情况	0.192 2	1.0	0.653	0.9	1.0	1.0	0.08	1.0	0.62	0.45	1.0	1.0
煤层倾角	0.061 7	0.94	1.0	0.34	1.0	1.0	1.0	1.0	1.0	0.8	1.0	1.0
底板起伏条件	0.090 8	0.82	0.188	0.88	0.6	0.7	0.9	0.95	0.86	0.7	0.95	0.86
底板硬度条件	0.030 2	0.84	1.0	1.0	0.6	0.8	0.65	0.86	0.84	0.7	0.85	0.91
直接顶板强度	0.054 2	0.82	1.0	0.5	0.8	0.5	0.6	0.69	0.74	0.8	0.76	0.81
基本顶来压步距	0.027 1	0.91	0.5	0.5	0.7	0.5	0.65	0.63	0.86	0.8	0.8	0.5
断层情况	0.159 6	0.83	1.0	0.000 1	0.7	1.0	0.45	0.53	0.35	0.35	1.0	0.86
其他因素	0.040 6	0.8	0.9	0.01	0.7	1.0	0.7	0.2	0.6	0.6	0.9	0.6
权值总数	1.0	0.762 7	0.757 0	0.559 4	0.771 3	0.871 0	0.512 9	0.715 7	0.692 3	0.577 0	0.748 9	0.771 3

表 2-6　　工作面滚筒采煤机与刨煤机开采方法初选结果表

选择结果	综合评价值										
	朱庄矿Ⅱ646工作面	凉水井矿 4-3 煤层首采面	郭二庄矿 22204 工作面	小青矿 W_2-713 工作面	马兰矿 10508 工作面	南屯矿 3602 工作面	小屯矿 14459 工作面	沙曲矿 22201 工作面	潘西矿 1701 工作面	南梁矿 20302(1) 工作面	唐山沟矿 8812 工作面
刨煤机	0.76	0.76	0.56	0.77	0.87	0.51	0.72	0.69	0.58	0.75	0.77
滚筒采煤机	0.90	0.88	0.78	0.85	0.90	0.79	0.90	0.83	0.50	0.95	0.90
推荐结果			滚筒采煤机			滚筒采煤机			两者均不推荐		

根据以上地质评价结果可以得出：对于郭二庄矿 22204 工作面，刨煤机综采工艺评价值为 0.56，滚筒采煤机开采工艺评价值为 0.78，对于南屯矿 3602 工作面，刨煤机综采工艺评价值为 0.51，滚筒采煤机开采工艺评价值为 0.79，根据开采方法的初选原则，推荐郭二庄矿 22204 工作面及南屯矿 3602 工作面均使用滚筒采煤机开采方法。实际生产过程中，22204 工作面采用滚筒采煤机开采方法，采煤机运行平稳，配套自动化综采工艺，基本实现了薄煤层综采工作面的安全高效开采；3602 工作面煤层中含有黄铁矿硬夹矸是造成该工作面刨煤机开采工艺评价值偏低的主要原因，实际生产过程中，工作面采用滚筒采煤机开采方法，工作面遇到硫化铁结核时及时打眼放震动炮，确保爆破效果，彻底减少采煤机截割阻力，保证了采煤机的正常运转。以上工作面开采方法的现场应用效果验证了薄煤层综采工作面开采方法初选模型的合理性。

对于潘西矿 1701 工作面，通过地质条件的初选评价，滚筒采煤机开采方法及刨煤机开采方法初选评价值权值总数均小于 0.6，即刨煤机和滚筒采煤机开采方法在该工作面均不适用，结合 1701 工作面煤层特性和地质赋存条件，推荐使用螺旋钻采煤机，实际生产过程中，1701 工作面采用螺旋钻采煤机开采方法，实现了极薄煤层的安全高效开采，验证了薄煤层综采工作面开采方法初选模型的合理性。

对于凉水井矿 4-3 煤层首采面、小屯矿 14459 工作面、沙曲矿 22201 工作面、朱庄矿Ⅱ646工作面、小青矿 W_2-713 工作面、马兰矿 10508 工作面、南梁矿 20302(1)工作面及唐山沟矿 8812 工作面，由于滚筒采煤机开采方法及刨煤机开采方法初选评价值均高于 0.6，即对于以上工作面，通过地质条件的初选评价，采用刨煤机和滚筒采煤机开采方法均是合理的，为此，有必要利用薄煤层开采方法的优选理论对以上薄煤层工作面开采方法进行二次筛选。

2.2　薄煤层长壁综采工作面开采方法优选

2.2.1　采煤方法优选决策理论

采煤方法优选决策的主要目的是为了实现煤炭资源开采的技术效益、经济效益、安全效益及社会效益等，属于系统工程的范畴，一般要考虑：经济因素、技术因素、人文因素等，属于典型的多属性多目标决策问题。通过对典型薄煤层综采工作面工艺流程中各环节指标数据的关联分析，综合考虑影响开采方法优选的多方面因素，确立了多层次的开采方法优选的决策指标体系，如图 2-2 所示，分别为：目标层(G)为优选开采方法；准则层(P)包括经济因素、技术因素及人机环境；指标层(C)包括设备投资、工资、能耗、材料、生产效率、适应性、自动化程度、管理难度、安全程度、健康程度等，共计 10 个评价指标；措施层(A)为薄煤层长壁开采方法。

书中提出的薄煤层长壁开采方法包括 2 种：薄煤层滚筒采煤机综采采煤方法、薄煤层刨煤机综采采煤方法。从应用效果来看，滚筒采煤机综采对地质条件适应能力强，适应于硬煤以及煤层厚度变化较大的薄煤层开采，刨煤机综采自动化程度高，适于开采厚度稳定且地质条件变化不大的煤层，两者各有利弊。

目前，薄煤层机械化开采主要集中在近水平及缓倾斜煤层，根据地质条件的综合评价结果，同时具备滚筒采煤机开采方法、刨煤机开采方法应用条件的薄煤层分布广泛，如陕西南梁矿业有限公司 2-2 煤层、陕西神木汇森凉水井矿业有限责任公司 4-3 煤层等，研究薄煤层长壁开采方法的优选决策具有广阔的应用前景[20]。

2.2.1.1 *蒙特卡罗—层次分析法*

用以解决采煤方法优选决策难题的多属性多目标决策方法种类繁多，主要有层次分析法(AHP)[54]、逼近理想解排序法(TOPSIS)[55]、偏好顺序结构评估法(PROMETHEE)[56]、神经网络(ANN)[57]、灰色关联分析法(COPRAS-G)[58]、专家系统[59]等，层次分析法的应用最为广泛。层次分析法是运筹学家 T. L. Saaty 于 1980 年提出的一种定性与定量相结合的目标决策分析方法，适用于目标结构层次复杂且缺乏必要数据的情况，对采煤方法决策具有良好的适应性。利用层次分析法解决决策问题的一般步骤为：构造层次判断矩阵；计算层次相对权重；计算组合权重；一致性检验[60,61]。

传统层次分析法面向的是单一决策者，然而采矿方法的决策需综合采矿工程、经济评价、安全评价等多方面的意见，在面向多层次决策者的环境下，传统层次分析法自身的不足降低了其解决实际问题的能力，主要表现在：

(1) 比较备选方案过程中，决策者的意愿及建议需要确切的值进行表达；

(2) 传统层次分析法由于判断矩阵的不稳定性，且不具备处理固有模糊问题的能力，在两两比较过程中常常受到质疑；

(3) 传统层次分析法无法从评价值相近的备选方案中选择最优方案；

(4) 传统层次分析法中的判断矩阵不能充分表达决策者的一致性与非一致性意见。

多层次决策者参与决策背景下，判断矩阵的选择属于随机事件，且服从一定的概率分布特征，传统层次分析法单一判断矩阵不能充分表达多目标环境下决策者意愿，针对以上传统层次分析法存在的不足，通过注入蒙特卡罗模拟能够解决以上问题。蒙特卡罗模拟能够利用随机数对服从一定概率分布的随机变量进行模拟抽样，利用统计学规律确定相关变量的概率分布，对于确定多决策者环境下判断矩阵的合理选择具有良好的应用价值，利用蒙特卡罗模拟确定的层次判断矩阵能够全面表达多决策者的意愿与建议，提高权重向量的可信度[62]。

将蒙特卡罗模拟注入层次分析法解决多目标多属性决策问题的一般流程如图 2-6 所示。

(1) 建立三维决策判断矩阵，为在传统层次分析法判断矩阵的基础上新增加一维形成的判断矩阵，第三维代表决策者的数量；

(2) 确立判断矩阵各数组的累积分布函数；

(3) 生成 0～1 之间的随机数样本，根据累积分布函数计算该样本的相关参数；

(4) 根据样本的相关参数确立判断矩阵；

(5) 利用传统层次分析法计算各个备选方案评价值；

(6) 重复以上步骤(2 000～5 000 次)；

(7) 计算各备选方案评价值分布函数。

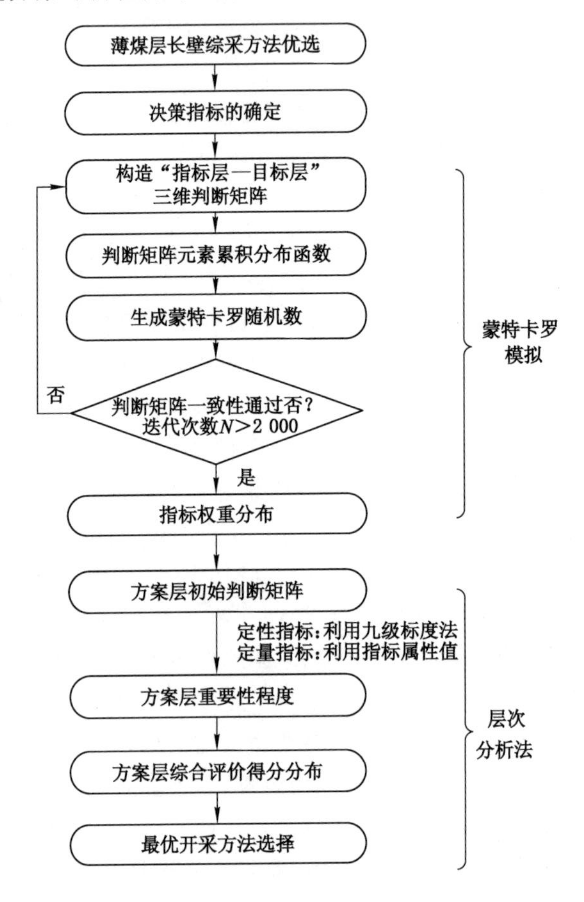

图 2-6　蒙特卡罗—层次分析法决策流程图

2.2.1.2　指标层权重向量

(1) 三维判断矩阵

设有 $A_1, A_2, \cdots, A_m$ 共 m 个方案组成的方案集 $a=[A_1, A_2, \cdots, A_m]$，针对薄煤层长壁采煤方法优选方案分别为滚筒采煤机开采方法、刨煤机开采方法，方案评价指标 $C_1, C_2, \cdots, C_n$ 组成指标集 $C=[C_1, C_2, \cdots, C_n]$，共有 k 位决策者进行决策，以目标层 G 相对准则层 C 建立的判断矩阵为例，如图 2-7 所示，判断矩阵为一个三维矩阵，判断矩阵第三方向的长度 k 代表决策者的数量，每一位决策者按照自己的意愿给出一个二维矩阵 $\boldsymbol{R}_1, \boldsymbol{R}_2, \cdots, \boldsymbol{R}_k$。

其中，a_{ij} 为 c_i 与 c_j 比较的结果，在三维决策矩阵中，对于特定的 a_{ij} 共存在 k 个值与之对应。矩阵对角线上的元素代表自己与自己比较的结果，恒为 1，且判断矩阵中 $a_{ij}=1/a_{ji}$，

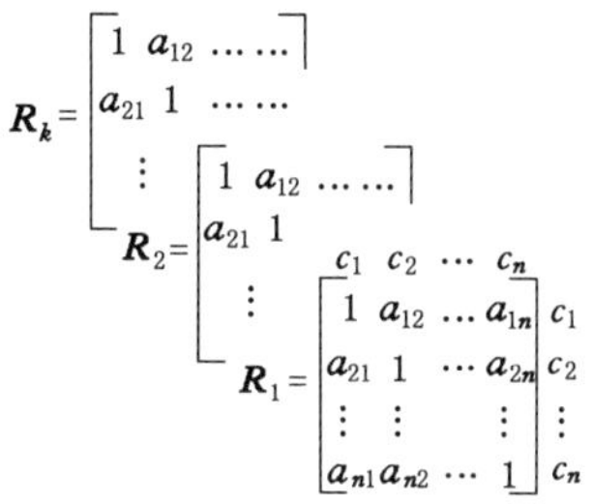

$$R_k=\begin{bmatrix}1 & a_{12} & \cdots\cdots \\ a_{21} & 1 & \cdots\cdots \\ \vdots & & \end{bmatrix}\quad R_2=\begin{bmatrix}1 & a_{12} & \cdots\cdots \\ a_{21} & 1 & \\ \vdots & & \end{bmatrix}\quad R_1=\begin{array}{c}\begin{matrix}c_1 & c_2 & \cdots & c_n\end{matrix}\\ \begin{bmatrix}1 & a_{12} & \cdots & a_{1n} \\ a_{21} & 1 & \cdots & a_{2n} \\ \vdots & \vdots & & \vdots \\ a_{n1} & a_{n2} & \cdots & 1\end{bmatrix}\end{array}\begin{matrix}c_1\\c_2\\\vdots\\c_n\end{matrix}$$

图 2-7　三维决策判断矩阵示意图

为此只需要统计判断矩阵对角线上三角的元素及取值情况，统计的元素个数 N 可以表示为：$N=n(n-1)/2$，表征三维判断矩阵元素累积分布函数的个数。

以发放调查问卷的形式，参考了 60 个不同层次的决策者意见，确立了目标层相对指标层的三维判断矩阵，其中第一位决策者给出的判断矩阵为：

$$\boldsymbol{R}_1(G-C)=\begin{bmatrix}1 & 2 & 6 & 5 & 1/2 & 3 & 5 & 4 & 1/2 & 2\\ 1/2 & 1 & 5 & 5 & 1/4 & 2 & 3 & 2 & 1/4 & 1/2\\ 1/6 & 1/5 & 1 & 1/2 & 1/9 & 1/6 & 1/3 & 1/4 & 1/9 & 1/6\\ 1/5 & 1/5 & 2 & 1 & 1/8 & 1/6 & 1/4 & 1/5 & 1/9 & 1/7\\ 2 & 4 & 9 & 8 & 1 & 4 & 6 & 5 & 1/2 & 2\\ 1/3 & 1/2 & 6 & 6 & 1/4 & 1 & 2 & 1 & 1/5 & 1/3\\ 1/5 & 1/3 & 3 & 4 & 1/6 & 1/2 & 1 & 2 & 1/8 & 1/5\\ 1/4 & 1/2 & 4 & 5 & 1/5 & 1 & 1/2 & 1 & 1/8 & 1/4\\ 2 & 4 & 9 & 9 & 2 & 5 & 8 & 8 & 1 & 3\\ 1/2 & 2 & 6 & 6 & 1/2 & 3 & 5 & 4 & 1/3 & 1\end{bmatrix}$$

显而易见，三维判断矩阵数组的分布符合离散型随机变量的分布，根据构建的三维判断矩阵能够确定其中数组的概率分布，进而利用蒙特卡罗随机数模拟分析对该随机变量进行仿真计算，从而确定判断矩阵各数组的分布规律。

(2) 蒙特卡罗模拟

设离散型随机变量 X 取值为 $x_k(k=0,1\cdots)$ 的概率为：

$$P(X=x_k)=p_k \tag{2-36}$$

式中，$p_k\geqslant 0$，$\sum_{k=0}^{\infty}p_k=1$。离散型随机变量的概率分布利用表格进行直观表达，如表 2-7 所示。

表 2-7　离散型随机变量概率分布表

X	x_0	x_1	…	x_n	…
p_k	p_0	p_1	…	p_n	…

根据概率分布特征表，对离散型随机变量进行抽样，抽样方法及流程为[63]：

① 抽取随机数 r，r 服从(0,1) 区间均匀分布；

② 寻求正整数 n，满足 $\sum_{k=0}^{n-1} p_k < r \leqslant \sum_{k=0}^{n} p_k$；

③ 离散型随机变量 X 的抽样值为：$X = x_n$。

由于 r 为服从(0,1) 区间均匀分布的随机数，求得满足 $\sum_{k=0}^{n-1} p_k < r \leqslant \sum_{k=0}^{n} p_k$ 条件的概率为：

$$P\left(\sum_{k=0}^{n-1} p_k < r \leqslant \sum_{k=0}^{n} p_k\right) = \frac{\sum_{k=0}^{n} p_k - \sum_{k=0}^{n-1} p_k}{1} = p_n$$

与 $P(X = x_n) = p_n$ 相等，因此，在实际抽样过程中当 $\sum_{k=0}^{n-1} p_k < r \leqslant \sum_{k=0}^{n} p_k$ 时，等同于 $X = x_n$ 发生，抽样值为 x_n。

以上抽样方法从 $n=0$ 开始，计算效率不高，一般从 $n=m_0$ 开始，方法及流程为：

① 选择(0,1)均匀分布随机数 r；

② 当 $r > \sum_{k=0}^{m_0} p_k$，则寻找正整数 $n = m_0 + 1, m_0 + 2, \cdots$，满足 $\sum_{k=0}^{n-1} p_k < r \leqslant \sum_{k=0}^{n} p_k$；

③ 当 $r \leqslant \sum_{k=0}^{m_0} p_k$，则寻找正整数 $n = m_0, m_0 - 1, \cdots$，满足 $\sum_{k=0}^{n-1} p_k < r \leqslant \sum_{k=0}^{n} p_k$；

④ 随机变量 X 取值为：$X = x_n$。

其中 m_0 的确定方法为：令 $m_0 = \max\left\{m: \sum_{i=0}^{m} p_i \leqslant \frac{1}{2}\right\}$，当 $\sum_{i=0}^{m_0} p_i + \sum_{i=0}^{m_0+1} p_i \leqslant 1$，则 $m_0 = m_0$；当 $\sum_{i=0}^{m_0} p_i + \sum_{i=0}^{m_0+1} p_i > 1$，则 $m_0 = m_0 + 1$。

根据三维判断矩阵，对各指标元素值进行统计，以判断矩阵元素 a_{12} 为例，其取值及概率分布特征见表 2-8。

表 2-8　a_{12} 概率分布表

a_{12}	x_0	x_1	x_2	x_3	x_4
	1	2	3	4	5
p_{12}	0.1	0.2	0.48	0.15	0.07

则 a_{12} 累积分布函数可表示为：

$$F(x) = P\{X \leqslant x\} = \begin{cases} 0 & x < 1 \\ 0.1 & 1 \leqslant x < 2 \\ 0.3 & 2 \leqslant x < 3 \\ 0.78 & 3 \leqslant x < 4 \\ 0.93 & 4 \leqslant x < 5 \\ 1 & 5 \leqslant x \end{cases}$$

根据 m_0 的确定方法，得：$m_0 = 2$。

① 选择(0,1)均匀分布随机数 r；

② 当 $r > 0.78$，则寻找正整数 $n = 3,4$，满足 $\sum_{k=0}^{n-1} p_k < r \leqslant \sum_{k=0}^{n} p_k$；

③ 当 $r \leqslant 0.78$，则寻找正整数 $n = 2,1,\cdots$，满足 $\sum_{k=0}^{n-1} p_k < r \leqslant \sum_{k=0}^{n} p_k$；

④ 随机变量 a_{12} 取值为：$a_{12} = x_n$。

(3) 仿真计算

设 r 为服从(0,1)均匀分布的随机数，定义为输入变量，将权重向量 $\boldsymbol{W}$、判断矩阵一致性指标 $\boldsymbol{C}_{\mathrm{R}}$ 定义为输出变量，利用 Crystal Ball 软件进行仿真模拟，迭代次数为 3 000 次，得到各指标权重的概率分布及频率特征如图 2-8 所示，结果见表 2-9。

表 2-9　目标层对指标层权重的方差与期望

指标	方差(10^{-4})	期望
c_1：设备投资	2.48	0.113 7
c_2：工资	1.79	0.112 4
c_3：能耗	1.82	0.100 2
c_4：材料	2.21	0.102 2
c_5：生产能力	4.41	0.167 9
c_6：适应性	0.45	0.052 8
c_7：自动化程度	0.08	0.029 6
c_8：管理难度	0.02	0.019 9
c_9：安全程度	4.80	0.181 3
c_{10}：健康程度	2.37	0.120 1

安全程度(c_9)指标的权重最大，为 0.181 3，管理难度(c_8)指标的权重最小，为 0.019 9，指标层的权重向量为：

$$\boldsymbol{W} = (0.113\,7, 0.112\,4, 0.100\,2, 0.102\,2, 0.167\,9, 0.052\,8, 0.029\,6, 0.019\,9, 0.181\,3, 0.120\,1)^{\mathrm{T}}$$

同时，对判断矩阵的一致性检验指标 C_{R} 进行了统计，其频率分布特征如图 2-9 所示，一致性指标小于 0.1 占比达 89.87%，判断矩阵的整体一致性可以接受。

2.2.1.3　方案层权重分布

采煤方法优选决策指标体系中既有定性指标(适应性、自动化程度、管理难度、安全程度、健康程度)，又包含定量指标，定量指标又分为成本型指标(设备投资、工资、能耗、材料)、效益型指标(生产能力)，传统层次分析法在类似条件下对于确定方案层相对指标层的重要性程度存在很大不足[52,64]。

(1) 对于定性指标，利用蒙特卡罗层次分析法确定方案层的重要性程度，此处不再赘述，得到定性指标对方案层的相对权重，结果见表 2-10。

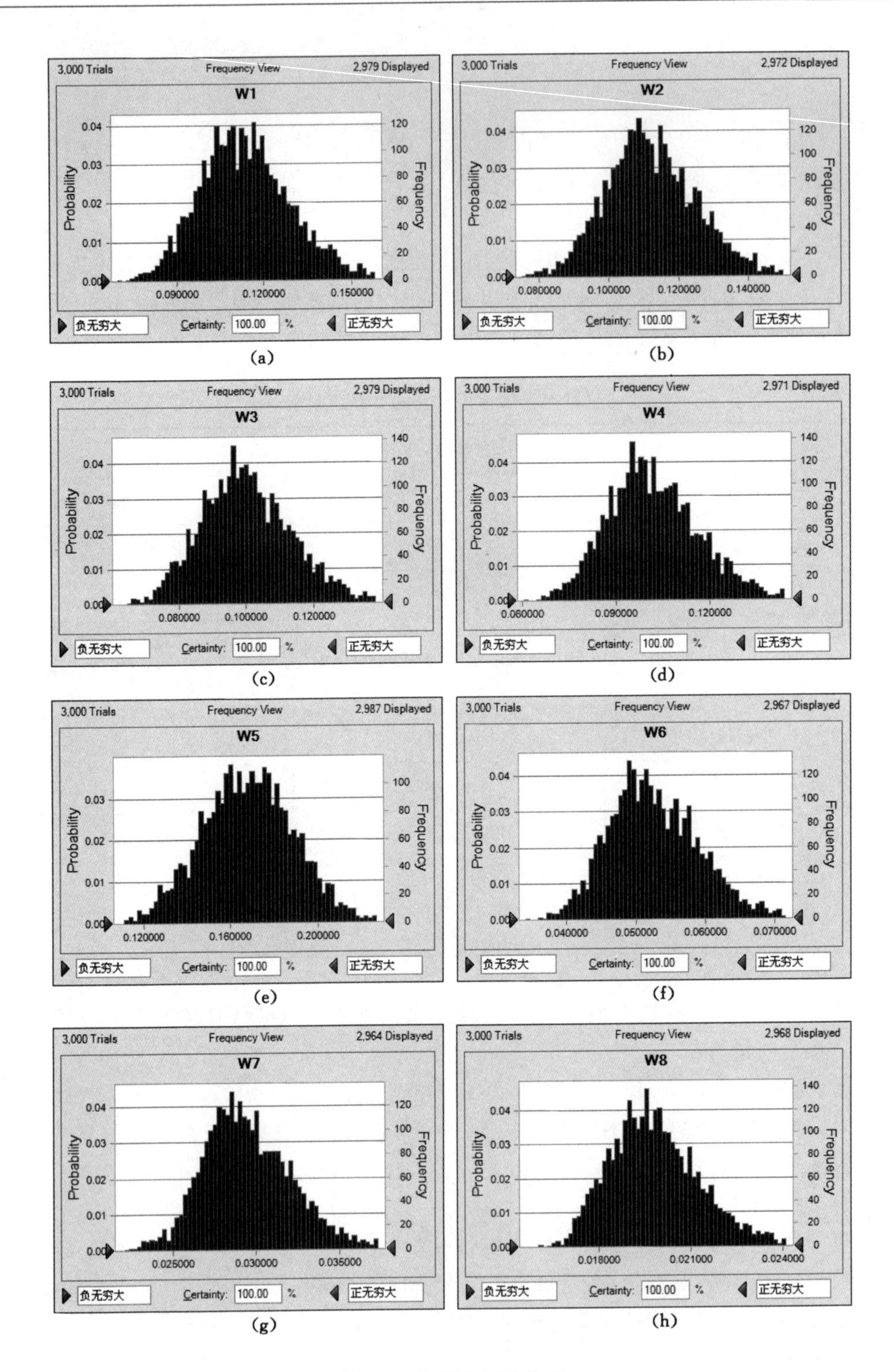

图 2-8 指标层权重分布

(a) 设备投资;(b) 工资;(c) 能耗;(d) 材料;(e) 生产能力;

(f) 适应性;(g) 自动化程度;(h) 管理难度

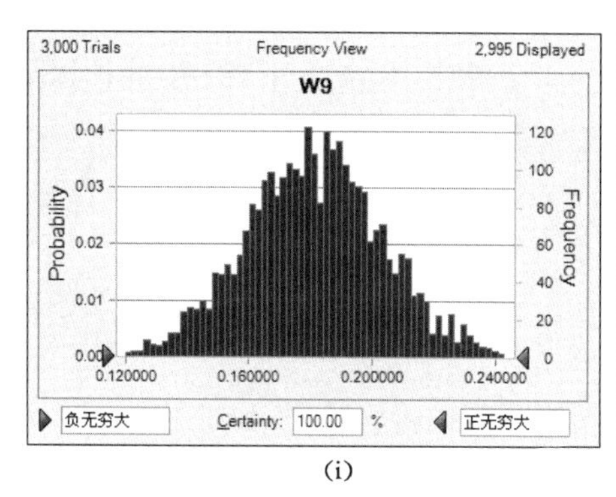

(i)

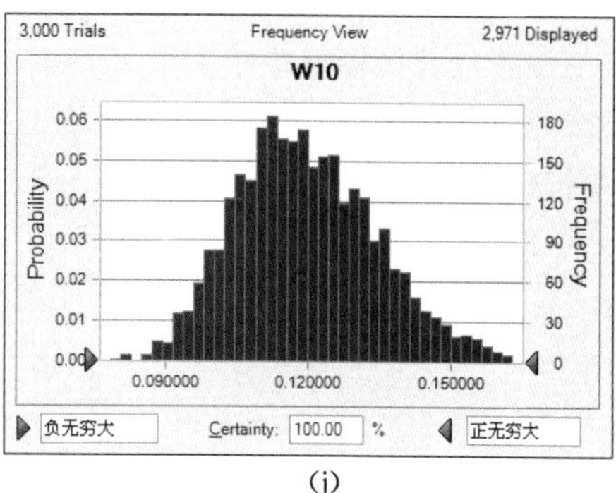

(j)

续图 2-8 指标层权重分布

(i) 安全程度;(j) 健康程度

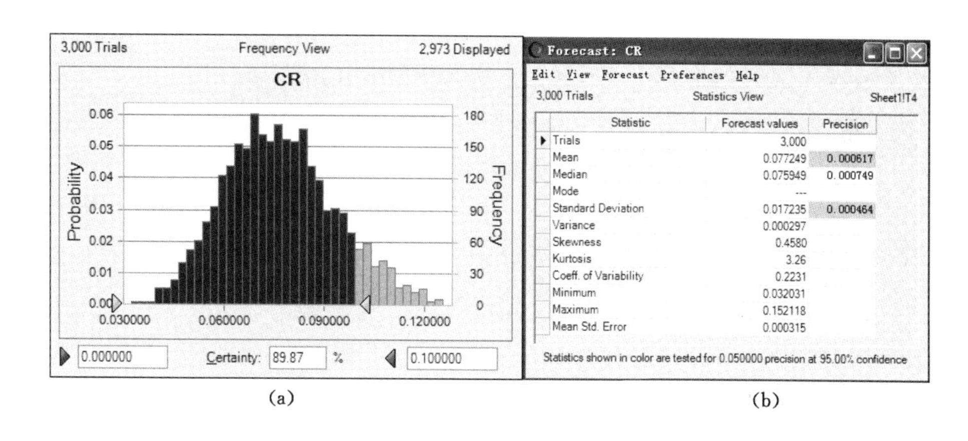

(a) (b)

图 2-9 一致性检验指标频率分布

表 2-10 定性指标对方案层的权重

权重	c_6:适应性	c_7:自动化程度	c_8:管理难度	c_9:安全程度	c_{10}:健康程度
A_1:滚筒采煤机	0.833 3	0.400 0	0.625 6	0.451 6	0.421 1
A_2:刨煤机	0.166 7	0.600 0	0.374 4	0.548 4	0.578 9

(2) 对于定量指标,应充分利用定量指标的属性值构造判断矩阵,如针对效益型指标,指标值越大的方案表征该方案越优,方案层的重要性程度可以根据指标属性进行直接判断。

设方案集 $a=[A_1,A_2,\cdots,A_m]$,由 $A_1,A_2,\cdots,A_m$ 共 m 个方案组成,指标层 C 含有 l 个定量指标,分别为 $s_1,s_2,\cdots,s_k,\cdots,s_l$,包含效益型指标与成本型指标,方案集对定量指标的两两判断矩阵为 $\boldsymbol{Ds}_k(k=1,2,\cdots,m)$,表示为:

$$\boldsymbol{Ds}_k=\begin{bmatrix} b_{11}^k & b_{12}^k & \cdots & b_{1m}^k \\ b_{21}^k & b_{22}^k & \cdots & b_{2m}^k \\ \vdots & \vdots & & \vdots \\ b_{m1}^k & b_{m2}^k & \cdots & b_{mm}^k \end{bmatrix} \tag{2-37}$$

其中，$b_{ij}^{k}(i=1,2,\cdots,m;\ j=1,2,\cdots,m)$ 为对于定量指标 s_k 方案 A_i 相对于方案 A_j 的重要性程度，为使效益型指标与成本型指标具有同一变化规律，判断矩阵 $\boldsymbol{Ds}_k$ 中的指标值应根据方案层相对定量指标层的属性值矩阵 $\boldsymbol{A}_{m\times l}$ 进行变换，将效益型指标与成本型指标统一转化为效益型指标，设方案层相对定量指标层的属性值矩阵 $\boldsymbol{A}_{m\times l}$ 为：

$$\boldsymbol{A}_{m\times l}=\begin{bmatrix} a_{11} & a_{12} & \cdots & a_{1l} \\ a_{21} & a_{22} & \cdots & a_{2l} \\ \vdots & \vdots & & \vdots \\ a_{m1} & a_{m2} & \cdots & a_{ml} \end{bmatrix} \tag{2-38}$$

其中，$a_{ij}(i=1,2,\cdots,m;\ j=1,2,\cdots,l)$ 为方案 A_i 关于定量指标 s_j 的属性值，根据实际问题进行计算或统计得到，对于效益型指标，令：

$$\overline{a}_{ij}=a_{ij}$$

对于成本型指标，令：

$$\overline{a}_{ij}=1/a_{ij}$$

属性值矩阵 $\boldsymbol{A}_{m\times l}$ 经变换后得矩阵 $\overline{\boldsymbol{A}}_{m\times l}$，称为中间变换矩阵，为：

$$\overline{\boldsymbol{A}}_{m\times l}=\begin{bmatrix} \overline{a}_{11} & \overline{a}_{12} & \cdots & \overline{a}_{1l} \\ \overline{a}_{21} & \overline{a}_{22} & \cdots & \overline{a}_{2l} \\ \vdots & \vdots & & \vdots \\ \overline{a}_{m1} & \overline{a}_{m2} & \cdots & \overline{a}_{ml} \end{bmatrix} \tag{2-39}$$

其中，$\overline{a}_{ij}(i=1,2,\cdots,m;\ j=1,2,\cdots,l)$ 为定量指标 s_j 相对方案 A_i 的属性变换值。矩阵元素 $\overline{a}_{ij}$ 均转化为效益型指标。则对应于指标 s_k，方案 A_i 相对于方案 A_j 的重要性程度 b_{ij}^{k} 为：

$$b_{ij}^{k}=\frac{\overline{a}_{ik}}{\overline{a}_{jk}} \tag{2-40}$$

带入判断矩阵为 $\boldsymbol{Ds}_k$，得方案集对定量指标 s_k 的两两比较判断矩阵为：

$$\boldsymbol{Ds}_k=\begin{bmatrix} \frac{\overline{a}_{1k}}{\overline{a}_{1k}} & \frac{\overline{a}_{1k}}{\overline{a}_{2k}} & \cdots & \frac{\overline{a}_{1k}}{\overline{a}_{mk}} \\ \frac{\overline{a}_{2k}}{\overline{a}_{1k}} & \frac{\overline{a}_{2k}}{\overline{a}_{2k}} & \cdots & \frac{\overline{a}_{2k}}{\overline{a}_{mk}} \\ \vdots & \vdots & & \vdots \\ \frac{\overline{a}_{mk}}{\overline{a}_{1k}} & \frac{\overline{a}_{mk}}{\overline{a}_{2k}} & \cdots & \frac{\overline{a}_{mk}}{\overline{a}_{mk}} \end{bmatrix} \tag{2-41}$$

利用指标值构造的判断矩阵为正互反矩阵，满足层次分析法两两比较的基本要求，能够按照层次分析法解决问题的步骤进行求解方案层的权重向量分布。

2.2.2 采煤方法优选决策工程实践

2.2.2.1 采煤方法优选决策工程验证

在薄煤层长壁综采工作面开采方法初选基础上，同时通过调研新增了一定数量的薄煤层综采工作面开采的成功案例，对薄煤层综采工作面采煤方法优选的蒙特卡罗—层次分析模型进行了工程验证，并与普通层次分析法的评价结果进行了对比，结果见表 2-11。

表 2-11 薄煤层综采工作面采煤方法优选工程验证结果表

工作面	面长/m	煤层厚度/m	煤层倾角/(°)	Monte Carlo AHP	AHP	现场应用	产量
朱庄矿Ⅱ646工作面	185	1.25	8	滚筒采煤机	滚筒采煤机	滚筒采煤机	1 426 t/d
小青矿 W_2-713工作面	225	1.39	3	刨煤机	刨煤机	刨煤机	3 100 t/d
马兰矿 10508工作面	195	1.3	3	刨煤机	滚筒采煤机	刨煤机	3 667 t/d
沙曲矿 22201工作面	150	1.1	4	滚筒采煤机	滚筒采煤机	滚筒采煤机	2 315 t/d
莒山矿9301工作面	150	1.3	11	滚筒采煤机	滚筒采煤机	滚筒采煤机	4.0 万 t/月
姜家湾矿78119工作面	96	1.09	6	滚筒采煤机	滚筒采煤机	滚筒采煤机	2.46 万 t/月
谢一矿 5121B_{10}工作面	170	1.3	25	滚筒采煤机	滚筒采煤机	滚筒采煤机	7.1 万 t/月
甘庄矿8102工作面	240	1.6	3～7	滚筒采煤机	滚筒采煤机	滚筒采煤机	4 136 t/d
榆家梁矿44305工作面	300	1.7～1.8	1	滚筒采煤机	刨煤机	滚筒采煤机	10 334 t/d
黄陵一号矿1001工作面	235	2.16	3	滚筒采煤机	滚筒采煤机	滚筒采煤机	6 578 t/d
南梁矿20302(1)工作面	150	0.8～1.4	1～3	刨煤机	滚筒采煤机	刨煤机	3.7 万 t/月
唐山沟矿8812工作面	99	1.4～1.8	3～5	滚筒采煤机	滚筒采煤机	滚筒采煤机	2 600 t/d

利用蒙特卡罗—层次分析法优选的结果与现场应用情况完全吻合，评价准确率达到100%；利用普通层次分析法进行采煤方法优选的准确率为75%。可以得出，利用薄煤层综采工作面采煤方法优选的蒙特卡罗—层次分析模型解决薄煤层长壁综采工作面采煤方法优选决策难题具有更好的适应性。

南梁矿 20302(1)工作面采用薄煤层刨煤机组开采方法，工业性试验期间，工作面连续开采取得最大日产 4 200 t 的成绩，并于 2013 年 8 月 31 日完成了 20302(1)工作面的开采，累计推进 960 m，累计产煤 26.4 万 t；唐山沟矿 8812 工作面采用薄煤层滚筒采煤机组开采方法，利用自动化开采工艺模式，工业性试验期间，工作面开采系统运行稳定，工作面日生产能力达 2 600 t/d。现场工业性试验结果与采煤方法优选决策结果一致，验证了薄煤层长壁综采工作面开采方法优选决策的合理性。

2.2.2.2 采煤方法优选决策工程应用

陕西汇森煤业开发有限责任公司凉水井矿 43101 薄煤层综采工作面主采 4-3 煤层，采用长壁综采，煤层厚度 1.05～1.4 m，煤层倾角为 0～1°，工作面设计长度为 160 m，平均采高 1.2 m，根据工作面地质条件评价及聚类分析结果，工作面开采方法的初选结果为采用薄煤层综采方法，急需解决采煤方法的优选决策难题，即滚筒采煤机综采、刨煤机综采开采方法的优选。

根据凉水井矿 43101 工作面开采设计，对设备投资、工资等定量指标进行了计算与统计，得到定量指标对方案层的属性值，结果见表 2-12。

表 2-12　定量指标对方案层的属性值

采煤方法	c_1：设备投资 /(元/t)	c_2：工资 /(元/t)	c_3：能耗 /(元/t)	c_4：材料 /(元/t)	c_5：生产效率 /(t/d)
A_1：滚筒采煤机	6.6	9.1	15.0	15.0	2 273
A_2：刨煤机	10.9	7.9	21.8	27.3	2 912

根据定量指标的属性值，得到方案层相对定量指标层的属性值矩阵 $\boldsymbol{A}_{m\times l}$ 和中间变换矩阵 $\overline{\boldsymbol{A}}_{m\times l}$ 分别为：

$$\boldsymbol{A}_{m\times l}=\begin{bmatrix}6.6 & 9.1 & 15.0 & 15.0 & 2\,273\\ 10.9 & 7.9 & 21.8 & 27.3 & 2\,912\end{bmatrix}$$

$$\overline{\boldsymbol{A}}_{m\times l}=\begin{bmatrix}1/6.6 & 1/9.1 & 1/15.0 & 1/15.0 & 2\,273\\ 1/10.9 & 1/7.9 & 1/21.8 & 1/27.3 & 2\,912\end{bmatrix}$$

计算 A_1，A_2 两种方案对应于 5 个定量评价指标的权重 ω_1，ω_2，结果分别为：

$$\omega_1=[0.622\,9\quad 0.464\,7\quad 0.592\,7\quad 0.645\,5\quad 0.438\,4]$$

$$\omega_2=[0.377\,1\quad 0.535\,3\quad 0.407\,3\quad 0.354\,5\quad 0.561\,6]$$

利用 Crystal Ball 软件进行蒙特卡罗—层次分析法的仿真模拟，将三维判断矩阵作为输入变量，方案层综合评价得分、单准则条件评价得分设置为输出变量，迭代次数设置为 3 000 次。

(1) 综合评价

方案层综合评价得分概率及频率分布特征如图 2-10 所示，结果见表 2-13。滚筒采煤机开采方法综合评价得分区间为(0.509 4，0.541 3)，数学期望为 0.522 8，方差为 0.19×10^{-4}，刨煤机采煤方法的综合评价得分区间为(0.458 7，0.490 6)，数学期望为 0.475 2，方差

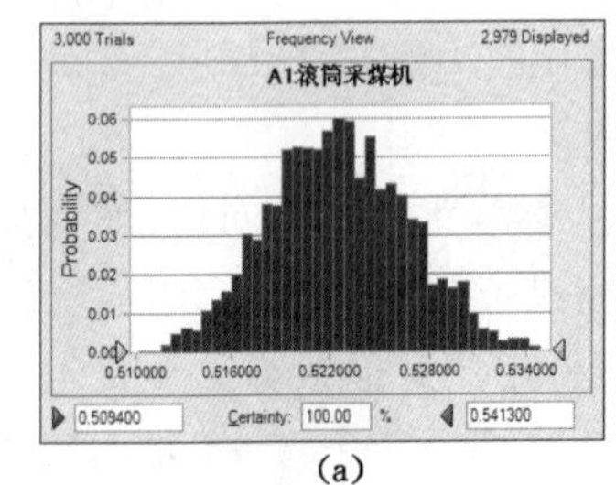

(a)

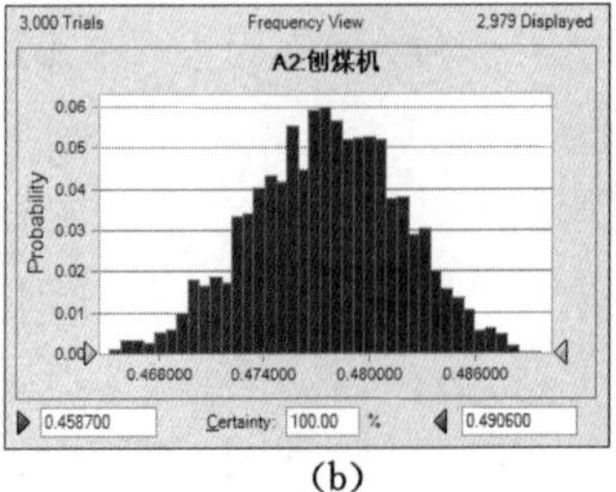

(b)

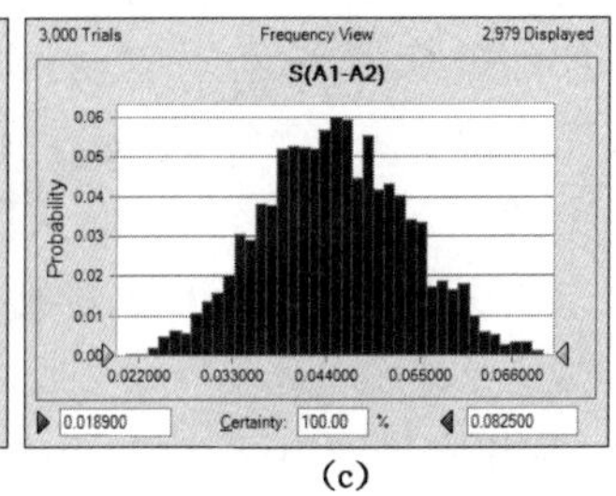

(c)

图 2-10　方案层综合评价结果图

(a) 滚筒采煤机；(b) 刨煤机；(c) 综合评价得分差

表 2-13　　方案层综合评价得分表

采煤方法	方差(10^{-4})	期望
A_1:滚筒采煤机	0.19	0.522 8
A_2:刨煤机	0.19	0.475 2

为 0.19×10^{-4},前者与后者得分差值区间为(0.018 9,0.082 5),根据综合评价的得分可得:凉水井矿 43101 薄煤层综采工作面宜选用滚筒采煤机综采。

(2) 单准则评价

① 经济评价:方案层经济评价得分的概率及频率分布特征如图 2-11 所示,结果见表 2-14。

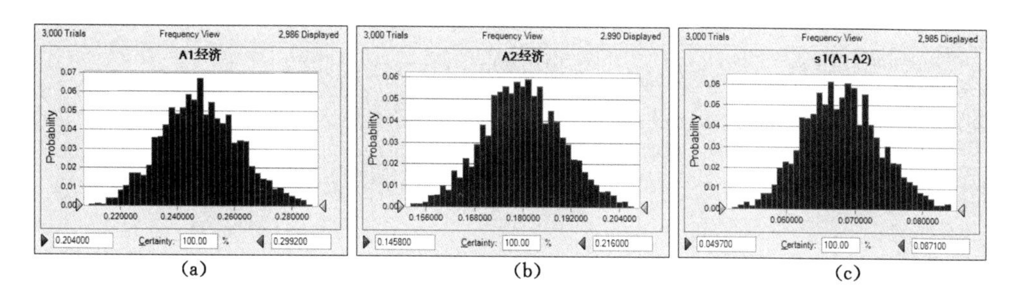

(a)　(b)　(c)

图 2-11　方案层经济评价结果图

(a) 滚筒采煤机;(b) 刨煤机;(c) 经济评价得分差

表 2-14　　方案层经济评价得分表

采煤方法	方差(10^{-4})	期望
A_1:滚筒采煤机	1.94	0.248 0
A_2:刨煤机	0.97	0.179 9

经济准则条件下,滚筒采煤机综采的评价得分区间为(0.204 0,0.299 2),数学期望为 0.248 0,方差为 1.94×10^{-4},刨煤机综采的评价得分区间为(0.145 8,0.216 0),数学期望为 0.179 9,方差为 0.97×10^{-4},前者与后者得分差值区间为(0.049 7,0.087 1),根据经济准则的评价得分结果,得出凉水井矿 43101 薄煤层工作面宜选用滚筒采煤机综采方法,可信度达到 100%。

② 技术评价:方案层技术评价得分的概率及频率分布特征如图 2-12 所示,结果见表 2-15。

技术准则条件下,滚筒采煤机综采得分区间为(0.093 8,0.166 0),数学期望为0.129 8,方差为 1.10×10^{-4},刨煤机综采得分区间为(0.080 0,0.160 2),数学期望为 0.121 3,方差为 1.40×10^{-4},前者与后者得分差值区间为(−0.008 0,0.087 1),(0,0.087 1)区间比例占 95.04%,根据技术准则的评价得分结果,得出凉水井矿 43101 薄煤层工作面宜选用滚筒采煤机综采,可信度达到 95%。

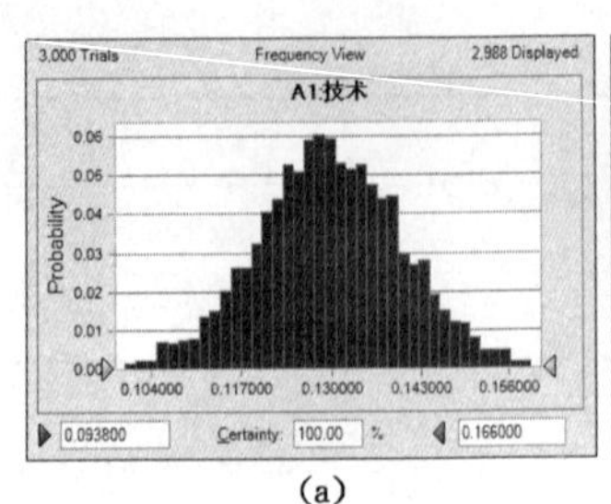

(a)

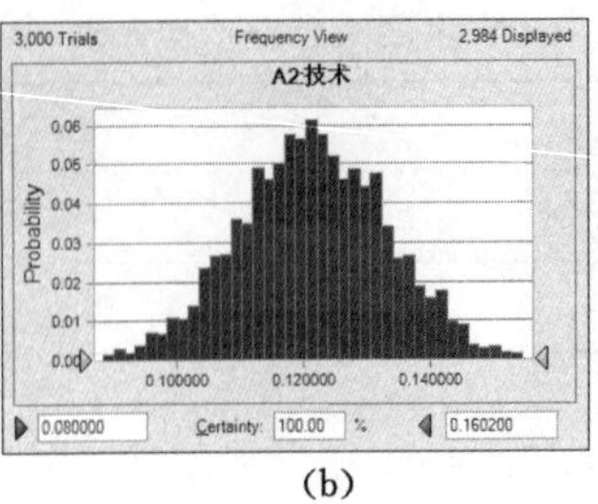

(b)

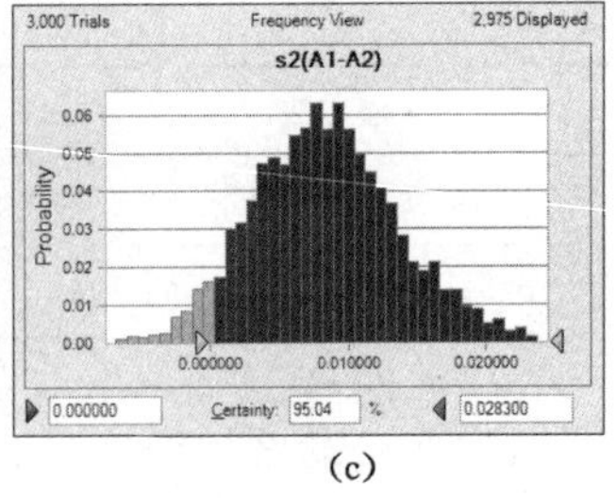

(c)

图 2-12 方案层技术评价结果图

(a) 滚筒采煤机;(b) 刨煤机;(c) 技术评价得分差

表 2-15 **方案层技术评价得分表**

采煤方法	方差(10^{-4})	期望
A_1:滚筒采煤机	1.10	0.129 8
A_2:刨煤机	1.40	0.121 3

③ 人机环境评价:方案层人机环境评价得分概率分布及频率特征如图 2-13 所示,结果见表 2-16。

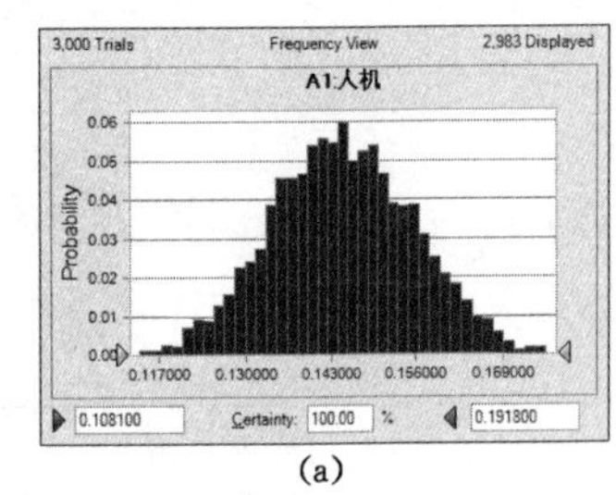

(a)

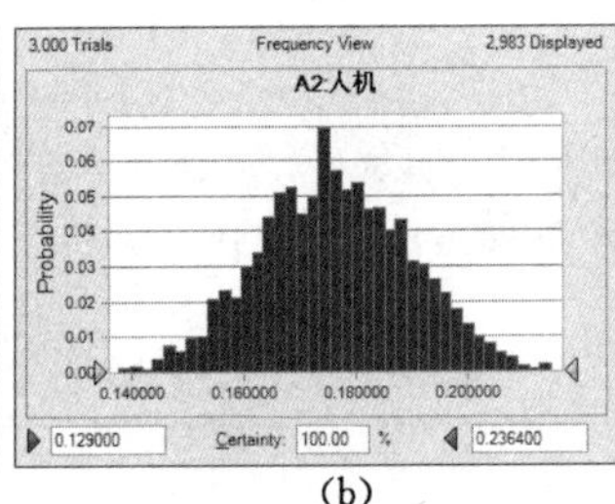

(b)

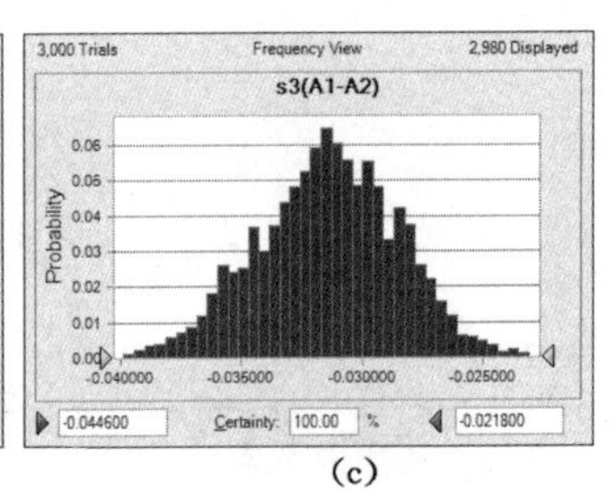

(c)

图 2-13 方案层人机环境评价得分分布图

(a) 滚筒采煤机;(b) 刨煤机;(c) 人机环境评价得分差

表 2-16 **方案层人机环境评价得分表**

采煤方法	方差(10^{-4})	期望
A_1:滚筒采煤机	1.18	0.144 7
A_2:刨煤机	1.88	0.176 2

滚筒采煤机综采方法的人机环境准则条件下评价得分区间为(0.108 1,0.191 8),数学期望为 0.144 7,方差为 1.18×10^{-4},刨煤机综采方法人机环境评价得分区间为(0.129 0,0.236 4),数学期望为 0.176 2,方差为 1.88×10^{-4},前者与后者得分差值区间为(−0.004 46,−0.021 8),根据人机环境准则的评价得分结果,得出凉水井矿 43101 薄煤层工作面宜选用刨煤机综采方法,可信度达到 100%。

④ 根据方案层综合评价及单一准则评价的得分分布情况,绘制了凉水井矿 43101 薄煤层综采工作面采煤方法优选方案评价结果对比图,如图 2-14 所示。

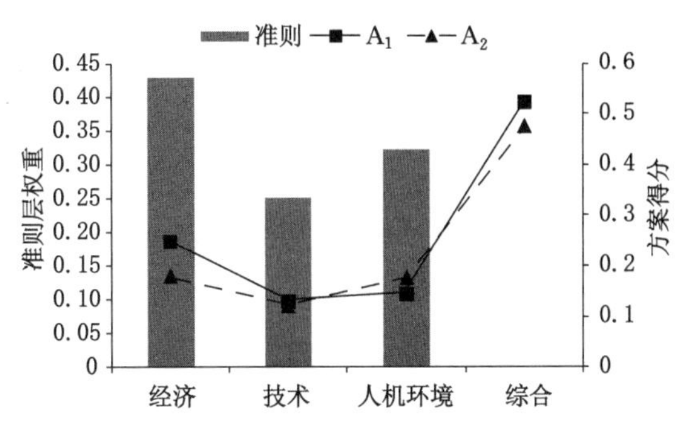

图 2-14 方案层评价对比图

2.3 薄煤层长壁综采工艺模式优选

2.3.1 薄煤层长壁综采工艺模式分类

2.3.1.1 薄煤层滚筒采煤机综采工艺

滚筒采煤机综采工艺根据薄煤层滚筒采煤机控制方式进行分类,可划分为:跟机控制综采工艺模式、分段控制综采工艺模式、自动化综采工艺模式及智能化综采工艺模式[65-68]。

(1) 跟机控制综采工艺

跟机控制综采工艺模式是采煤机司机跟机操控采煤机完成割煤工序的工艺方式,工作面正常回采期间,采煤机司机弯腰跟机操控采煤机,工艺流程为:采煤机割煤、装煤→移架→刮板输送机铲煤、运煤。传统综采工艺模式下,综采设备投入较低,但采煤机司机在狭小的空间内弯腰或爬行工作,人机环境质量控制难度大,工人劳动强度高,增加了安全隐患,制约了我国薄煤层的科学开采。

(2) 分段控制综采工艺

分段控制综采工艺又称为人工分段控制综采工艺模式,是根据采煤机可遥控距离对工作面倾向长度进行合理分段,由预先安排在分段内的采煤机司机接力遥控采煤机,完成工作面全长范围内割煤工序的采煤工艺方式,如图 2-15 所示。

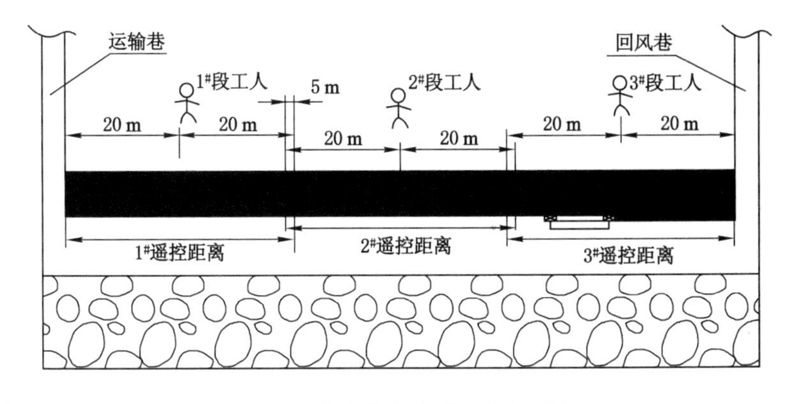

图 2-15 分段控制综采工艺示意图

人工分段控制综采工艺省去了采煤机司机在狭长的作业空间内的长距离爬行劳动，可有效减轻工人劳动强度，但同时会增加薄煤层工作面内的工人数量，增加工作面安全隐患，有悖于薄煤层少人化及无人化的开采理念。

端头控制综采工艺是采煤机司机在工作面两端头操控采煤机完成割煤工序的分段控制综采工艺方式，受薄煤层综采工作面采煤机遥控距离的限制，一般要求端头控制综采工艺模式下工作面长度不超过 40 m。工作面正常回采期间，在工作面两端头分别安排一名采煤机司机，无须进入工作面内部，即可实现对采煤机的操控，如图 2-16 所示。

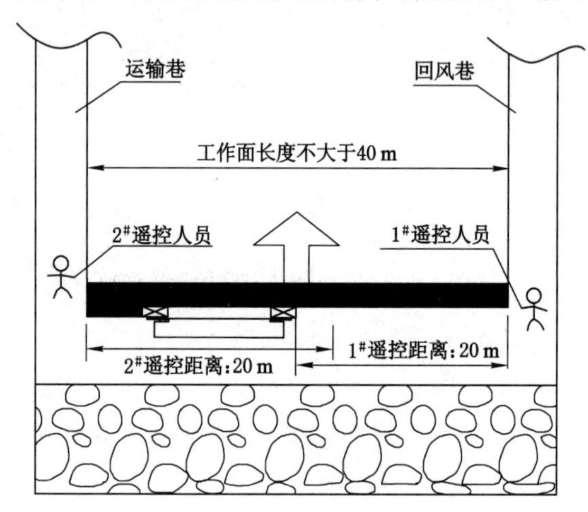

图 2-16　端头控制综采工艺示意图

端头控制综采工艺将采煤机司机从狭小的薄煤层工作面空间解放出来，可减轻工人劳动强度，实现薄煤层工作面的少人化开采。受端头控制综采工作面单产水平低、巷道掘进率高等不利因素的制约，端头控制综采工艺适应性较差，适用于“三下”开采的条带开采、顶底板平整的短工作面。

(3) 自动化综采工艺

自动化综采工艺是采煤机按照预设的运行参数进行自动割煤的采煤工艺，采煤机运行参数的预设包括示范刀割煤预设、超前三维地质勘探预设等，自动化开采期间辅助记忆切割、可视化视频监控、采煤机的定姿定位技术等，实现采煤工序的自动化控制，如图 2-17 所示。在自动化开采期间，采煤机远程控制中心根据定位装置监测的采煤机位置，辅助工作面视频监控系统，按照预先存储的采煤机控制信息发出遥控指令完成割煤工序。

自动化控制综采工艺将采煤机司机从狭小的作业空间完全解放，可减轻工人劳动强度，为实现薄煤层工作面的无人化开采提供技术基础。

(4) 智能化综采工艺

智能化综采工艺为通过注入人的意识、思维而开发的综采工艺模式，较自动化综采工艺增加了人工智能的成分，属于更高级别的开采工艺模式，为实现薄煤层工作面无人化开采的理想开采模式。鉴于人工智能技术在薄煤层开采系统中的应用还不够成熟，如煤岩识别技术等，且配套的智能化开采成套技术相对匮乏，智能化开采仍处于理论研究阶段，距离工业性试验还有一定的差距。

以上薄煤层综采工艺模式分别隶属于综采工艺模式的不同发展阶段，随着薄煤层开采

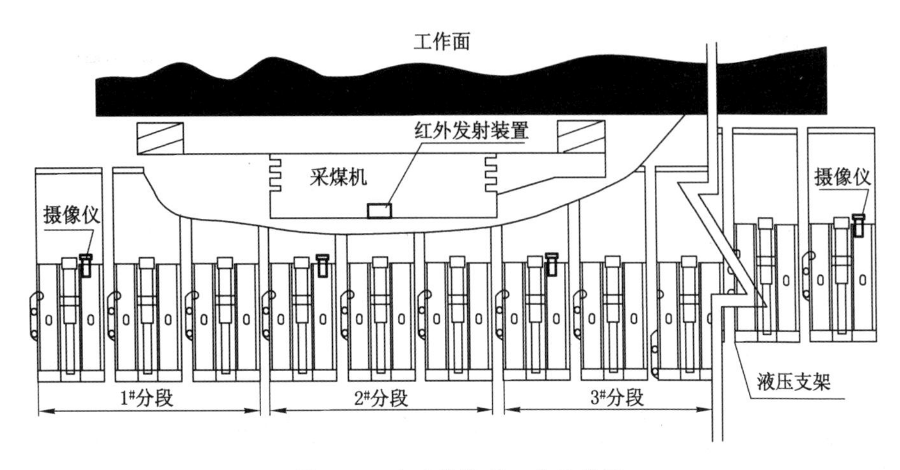

图 2-17 自动化综采工艺示意图

技术的不断推进与完善，综采工艺模式已经进入自动化工艺模式发展阶段，并朝着智能化开采的方向迈进，开采工艺模式的技术比较见表 2-17。

表 2-17 薄煤层综采工艺模式对比表

工艺模式	特　点	优　点	缺　点
跟机控制综采工艺	采煤机司机跟机作业	适应性强，设备投入低，技术成熟	劳动强度大，安全性低
分段控制综采工艺	司机分段接力遥控采煤机	减轻了劳动强度，设备投资低，技术成熟	工作面工人数目多
自动化综采工艺	预设轨迹切割＋可视化监控＋采煤机定姿定位	少人，解放了采煤机司机	适应性差，需人工干预
智能化综采工艺	增加人工智能因素，如煤岩识别	无人，人工智能决策	技术不成熟

2.3.1.2 薄煤层刨煤机综采工艺

刨煤机自动化综采工作面采煤工艺为：刨煤机落煤、装煤→可弯曲刮板输送机运煤→顺序推移刮板输送机→分组间隔交错式自动拉移支架→支护顶板。工作面采用端部斜切进刀双向刨煤方式，刨头自行开缺口进刀，进刀距离 20～25 m，进刀深度 200～300 mm，液压支架一般按 3～5 架一组呈锯齿形布置。南梁矿 20302(1)刨煤机工作面进刀深度 200 mm，液压支架 5 架一组呈锯齿形布置，如图 2-18 所示，分组内支架错位距离 40 mm，每组的第五架在刨头通过后可达到设定行程进入“降—移—升”工作循环，工作面内只有五分之一支架达到移架状态，实现锯齿分组内顺序移架和组间交错同时移架(平行作业)，有效缩短了工作面移架时间和对泵站的流量要求，能够满足刨头快速截割的需要，组内所有支架完成全部动作为一个循环。

2.3.2 薄煤层综采工艺模式优选模型

薄煤层综采工艺系统复杂多变，无法准确预知或确定系统内相关因素间及因素与结果

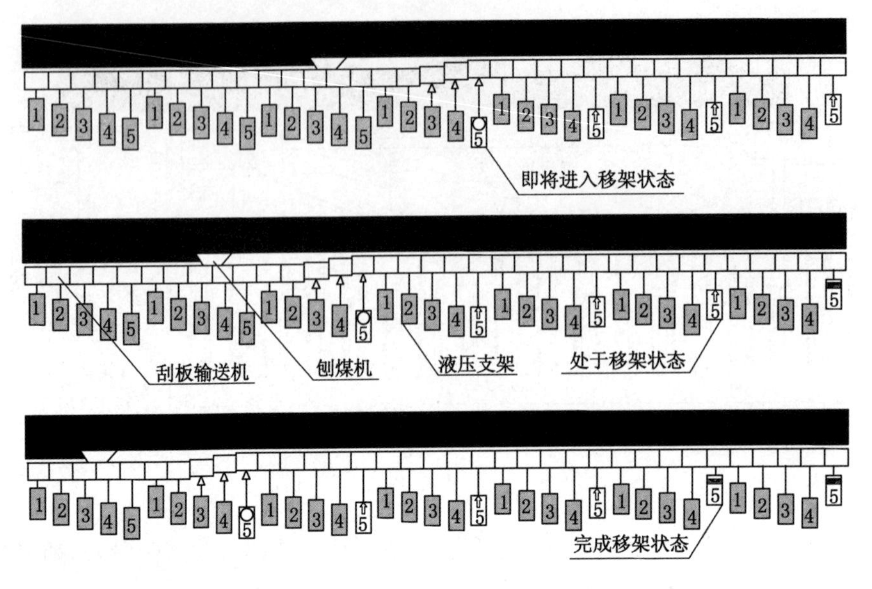

图 2-18　刨煤机工作面液压支架锯齿形布置示意图

间的相关关系，综采工艺模式的评价属于典型的非线性规划问题，评价指标及目标间的相关关系缺乏精确的数学表达。利用人工神经网络构建薄煤层综采工艺模式评价的非线性模型，能够把复杂的工艺模式评价系统看作黑箱，将样本数据植入神经网络，因素间的相关关系被隐含在网络结构的隐含层中，利用误差反馈机制对网络权值进行调整，经过多重训练，寻求网络的权值向量，能够降低人为因素对于建模的影响，提高评价结果计算的客观程度[69-71]。

人工智能神经网络能够对人类大脑系统的基本特性进行描述与模拟，对大量的样本事件能够作出迅捷的响应，在模式识别、非线性映射、自适应学习、决策与评价等方面具有良好的实用价值，神经网络在解决以上问题时具有以下突出优点[9]：

(1) 经过多重训练，能够获得理想的非线性数学模型用以表达复杂的非线性相关关系；

(2) 能够同时处理定量与定性问题，且定量与定性指标能够等势的分布并存储于神经元中，可增强系统的鲁棒性与容错性。

根据 2.1 与 2.2 节中薄煤层开采方法的初选与优选理论，即可实现薄煤层滚筒采煤机采煤方法与刨煤机开采方法的合理选择，且薄煤层刨煤机开采工艺模式相对单一，为此本书主要针对薄煤层滚筒采煤机综采工艺模式进行评价与优选。鉴于以上分析，本书拟采用神经网络的相关理论，通过建立薄煤层滚筒采煤机综采工艺模式评价的神经网络模型，实现给定薄煤层综采工作面条件下综采工艺模式的评价与优选。

目前已有的神经网络模型约 50 种，其中 BP(back propagation)模型是目前应用最为广泛使用效果最为成功的一种人工神经网路模型。BP 神经网络是指在导师训练的前提下进行的误差反向传播算法，由 P. David，H. Geoffrey 等在 20 世纪 80 年代分别独立发现，BP 模型能够实现“输入—输出”的任意非线性映射，具有很强的自适应学习能力[72]，被广泛应用于模糊识别、模糊决策及预测等领域。

BP 网络中信号的传播分为工作信号的正向传播与误差信号的反向传播。工作信号由输入层经隐含层单元传输至输出层，产生输出信号，成为工作信号的正向传播，正向传播过程中网络权值固定不变，每一层神经元的状态只受上一层神经元状态的影响，当输出层信号值不能满足输出期望的要求，则转入误差信号的反向传播。误差信号的反向传播由输出端开始，误差信号为输出层信号与期望值的差值，误差信号反向传播通过调整网络权值使得输出端信号满足输出期望的要求。

2.3.2.1　输入层与输出层

BP 神经网络的输入层与输出层是根据解决问题的实际需要进行设计的。薄煤层工艺模式评价的神经网络输入层为工艺模式的评价指标，薄煤层工作面工艺模式、生产能力则为神经网络的输出层。

输入层的建立涉及薄煤层综采工艺模式评价指标的确定。根据薄煤层综采工作面开采的实际条件，建立了薄煤层综采工艺模式评价的 BP 神经网络模型，归结出 3 大类共 9 个影响因素，包括工艺参数：采高、工作面长度；地质因素：煤层倾角、煤厚变异系数、断层、瓦斯、水文、勘探精度；技术因素：自动化装备水平。因此，神经网络输入层神经元为 9 个，表示为：$x=(x_0, x_1, \cdots, x_8)^{\mathrm{T}}$。

为取得薄煤层工作面长壁综采工艺模式评价的目的，BP 神经网络的输出值为工作面工艺方式及工作面生产能力，输出层神经元为 2 个，为：$y=(y_0, y_1)^{\mathrm{T}}$，$y_0$ 为工艺方式，y_1 为工作面生产能力，利用工作面日产量来表征，通过日产量的输入及输出对工艺方式的评价网络进行辅助检验，增加工艺模式评价的可靠性与准确度。在综采工艺模式评价之前，预先对工作面工艺方式的网络输出值进行自定义，定义值见表 2-18。

表 2-18　薄煤层综采工艺模式输出值自定义表

工艺模式	网络输出值	工艺模式	网络输出值
跟机控制综采工艺	1	自动化综采工艺	3
分段控制综采工艺	2	智能化综采工艺	4

2.3.2.2　隐含层

研究表明，当神经网络输入层神经元个数大于 3 时，采用双隐含层 BP 神经网络预测效果优于单隐含层神经网络[73]，为此，通过建立含双隐含层的 BP 神经网络拟实现对薄煤层综采工艺模式的评价。

隐含层神经元的个数选择尚未有很好的解析式来加以确定[74,75]，一般来说，神经元的个数越多神经网络的计算越精确，但会增加网络学习的时间，而神经元的数量太少则会降低网络的容错能力，通过反复训练发现每层隐含层神经元数目均为 9 时比较合适，此时收敛速度相对较快，输出误差相对较小。

根据以上分析，建立了薄煤层综采工艺模式评价的“9-9-9-2”双隐含层 BP 神经网络模型，如图 2-19 所示。

2.3.2.3　训练样本

显而易见，样本输入层既含有能够测量或预测的定量指标，包括采高、工作面长度、煤层倾角、煤层厚度变异系数、断层、瓦斯、水文，又包含不能精确量化的定性指标，包括勘探精度及自动化装备水平。

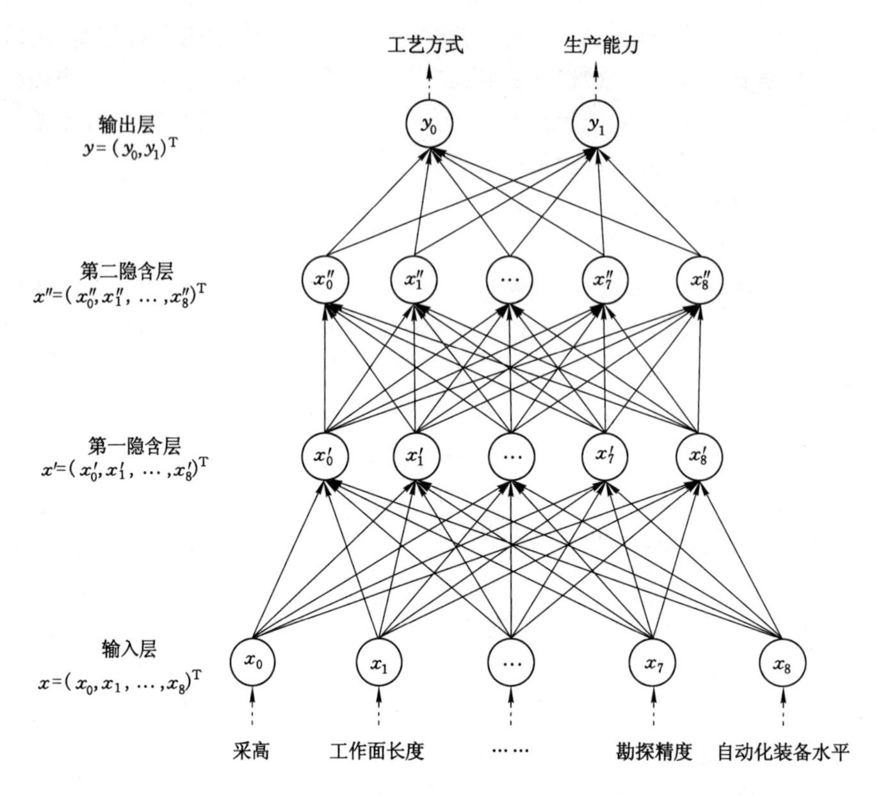

图 2-19　工艺模式评价神经网络结构示意图

(1) 定量指标

采高、工作面长度、煤层倾角、煤层厚度变异系数及勘探精度均为工作面开采的基本参数,利用调研统计的方法即可获得,参照文献[50,51],着重探讨了智能网络中断层、瓦斯、水文、煤层厚度变化 4 个指标的表达方式,并对指标的隶属函数进行了相应的调整。

① 断层

全面地描述断层对开采的影响需考虑断层密度、断层长度指数、断层落差系数 3 个指标[76],断层的多元隶属表达式为:

$$\mu_{\underline{a}}(q_1,q_2,q_3)=\frac{2}{1+\exp(4.2\times10^{-3}q_1+3.4\times10^{-4}q_2+3.1\times10^{-2}q_3)} \tag{2-42}$$

式中　q_1——断层密度,为工作面单位面积内断层的条数,由 $q_1=n/s$ 求得,其中,n 为统计块段内断层的数目,s 为统计块段的面积,km^2;

q_2——断层长度指数,为工作面单位面积内断层长度之和,由 $q_2=\sum\limits_{i=1}^{n}l_i/s$ 求得,其中,l_i 为第 i 条断层在工作面内的延伸长度,m;

q_3——断层落差系数,指断层落差与煤层采高的比值,由 $q_3=\frac{1}{n}\sum\limits_{i=1}^{n}\frac{h_i}{m}\frac{1}{\ln(m+1)}$ 求得,其中,h_i 为第 i 条断层在工作面内的断层落差,m;m 为工作面采高,m。

② 瓦斯

按照《煤矿安全规程》对瓦斯矿井的分类,分为Ⅰ、Ⅱ、Ⅲ三个类别,分别代表低瓦斯矿井、高瓦斯矿井、煤与瓦斯突出矿井,并赋值 1、0.5、0.2。

③ 水文

按《煤矿防治水规定》,将矿井水文地质划分为简单、中等、复杂、极复杂 4 种类型,分别表示为Ⅰ、Ⅱ、Ⅲ、Ⅳ,在神经网络模型中,分别赋值 0.8、0.6、0.4、0.2。

④ 煤厚变异系数

煤厚变异系数 γ 是衡量煤厚变化程度的综合指标,可以表示为:

$$\gamma = \sqrt{\frac{1}{n-1}\sum_{i=1}^{n}(X_i - X)^2}/X \tag{2-43}$$

式中 n——工作面内有效的钻孔个数;

X_i——第 i 个钻孔的见煤厚度,m;

X——工作面内钻孔见煤厚度平均值,m。

(2) 定性指标

勘探精度、自动化装备水平等定性指标均采用模糊处理的方式进行量化。设 $f(x)$ 为关于模糊数 x 的隶属函数,其中,x 为三角形模糊数 $x=(m,a,b)_{LR}$,即 $m-a<x<m+b$,且 $f(x)\in[0,1]$,且在 $(m-a,m)$,$(m,m+b)$ 范围内分别为线性单调递增与线性单调递减函数[77],如图 2-20 所示。

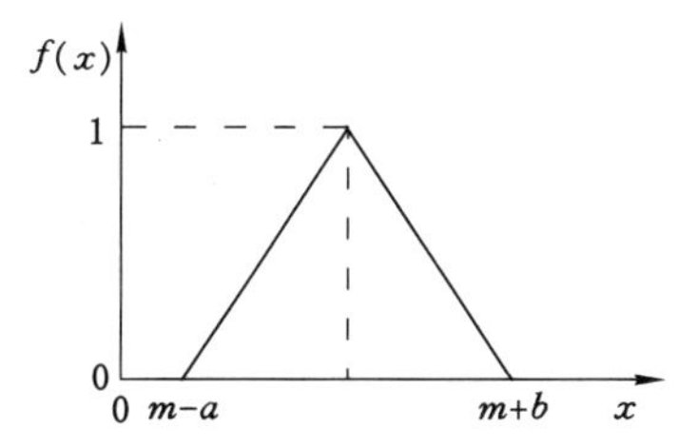

图 2-20 三角形模糊数

针对评价问题中的模糊评价指标,均利用效益型指标进行表达,决策者拥有 6 个评价选择[78],分别为 $VB=(0,0,0.2)_{LR}$,$B=(0.2,0.2,0.2)_{LR}$,$W=(0.4,0.2,0.2)_{LR}$,$M=(0.6,0.2,0.2)_{LR}$,$G=(0.8,0.2,0.2)_{LR}$,$VG=(1,0.2,0)_{LR}$,如图 2-21 所示。

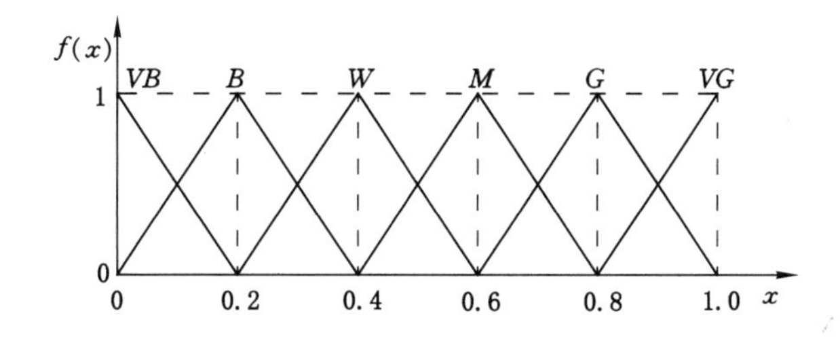

图 2-21 模糊指标表达示意图

采用 Yager 指数对模糊数进行去模糊化[79],即:

$$f(x)=F(m,a,b)=(3m-a+b)/3 \tag{2-44}$$

据此得到模糊评价指标对应的模糊表达值及 Yager 指数,见表 2-19。

表 2-19　　评价指标的模糊值

编号	属性值	勘探精度	自动化装备水平	Yager 指数
VB	$(0,0,0.2)_{LR}$	很低	很低	0.067
B	$(0.2,0.2,0.2)_{LR}$	低	低	0.2
W	$(0.4,0.2,0.2)_{LR}$	一般	一般	0.4
M	$(0.6,0.2,0.2)_{LR}$	中等	中等	0.6
G	$(0.8,0.2,0.2)_{LR}$	高	高	0.8
VG	$(1,0.2,0)_{LR}$	很高	很高	0.933

神经网络的学习样本直接决定网络模型的输入量与输入精度，对于模型的可信度至关重要，为了保证薄煤层综采工艺模式评价的可信度，选取几种薄煤层综采工艺模式工业性试验的代表性数据作为神经网络训练的样本集，见表 2-20。

表 2-20　　神经网络样本集

序号	工作面	采高/m	面长/m	煤层倾角/(°)	煤厚变异系数	断层	瓦斯	水文	勘探精度	自动化装备水平	工艺模式	日产量/t
1	黄沙矿 $112_{上}$89	0.90	50	23	0.101	0.78	0.5	0.6	0.6	0.8	3	720
2	甘庄矿 8102	1.30	240	4	0.041	1.00	1.0	0.8	0.933	0.933	3	3 300
3	黄陵一号矿 1001	1.80	235	3	0.095	1.00	0.5	0.6	0.933	0.933	3	5 600
4	榆家梁矿 44305	1.85	300.5	1	0.058	1.00	1.0	1.0	0.8	0.933	3	11 000
5	杨村矿 4602	1.20	140	7	0.123	0.21	1.0	0.4	0.4	0.6	3	1 666
6	葛亭矿 11604	1.22	34	9	0.051	0.15	1.0	0.8	0.8	0.4	2	626
7	郭二庄矿 21307	1.30	150	12	0.186	0.38	1.0	0.8	0.6	0.8	3	2 666
8	四台矿 8213	1.65	118	3.6	0.142	0.68	1.0	0.6	0.6	0.8	3	2 688
9	南屯矿 1701	1.05	207	3	0.196	0.28	1.0	0.8	0.2	0.2	1	1 038
10	斌郎矿 N1014	0.75	110	18	0.175	0.72	1.0	0.8	0.6	0.4	2	606
11	朱庄矿Ⅱ646	1.25	185	8	0.246	0.34	1.0	0.8	0.6	0.2	1	1 666
12	谢一矿 $5121C_{15}$	1.60	240	25	0.322	0.68	0.5	0.8	0.4	0.4	1.0	2 000
13	姜家湾矿 78119	1.10	96	6	0.176	0.86	1.0	0.8	0.4	0.2	1	820
14	小屯矿 14459	1.10	120	4.5	0.268	0.55	1.0	0.6	0.4	0.2	1	1 600
15	南屯矿 3602	1.00	165	4	0.113	0.20	1.0	0.8	0.2	0.2	1	990
16	唐山沟矿 8812	1.60	99	2	0.086	0.95	1.0	0.6	0.8	0.933	3	3 030
17	薛村矿 94702	1.30	150	16	0.150	0.68	1.0	0.8	0.8	0.933	3	4 400
18	六矿戊$_{8}$-22110	2.10	180	4.5	0.165	0.54	0.5	0.8	0.8	0.8	3	3 000
19	杨村矿 2708	1.00	156	4	0.213	0.75	1.0	0.6	0.6	0.6	3	1 538
20	沙曲矿 22201	1.10	150	4	0.152	0.55	0.2	0.6	0.933	0.8	4	1 000
21	大力公司 5301	0.65	52	7	0.054	0.35	1.0	0.4	0.8	0.8	3	312
22	九龙矿 15445	1.60	126	14	0.158	0.86	0.5	0.4	0.4	0.2	1	556
23	谢一矿 $5121C_{15}$	1.60	240	25	0.322	0.68	0.5	0.8	0.4	0.4	1	2 000
24	任家庄矿 110602	1.40	209	8	0.263	0.82	1.0	1.0	0.4	0.2	1	2 600
25	朱集矿 1121(1)	2.00	220	3	0.350	0.46	1.0	0.8	0.6	0.2	1	3 684

续表 2-20

序号	工作面	采高/m	面长/m	煤层倾角/(°)	煤厚变异系数	断层	瓦斯	水文	勘探精度	自动化装备水平	工艺模式	日产量/t
26	岱庄矿 3303	1.30	113	4	0.430	0.80	1.0	0.6	0.6	0.4	1	2 266
27	凉水井矿 43101	1.20	160	1	0.211	1.00	1.0	0.6	0.8	0.933		
28	郭二庄矿 22204	1.30	158	24	0.512	0.43	1.0	0.8	0.933	0.933		

(3) 指标的归一化处理

训练样本的输入及输出数据均代表不同的物理量,数值大小也存在很大差异,为避免小数据信息被大数据淹没,必须对输入及输出数据进行归一化处理,利用 MATLAB 提供的相应函数可以表示为:[X,ps]=mapminmax(x,0,1),即:

$$X = \frac{x - x_{\min}}{x_{\max} - x_{\min}} \tag{2-45}$$

将归一化之后的样本数据导入建立的 BP 神经网络中进行训练与学习,对网络输出数据利用反归一化处理从而得到神经网络的预测值。

2.3.2.4 算法选择

MATLAB 神经网络工具箱中提供了充足的 BP 神经网络有关的函数,利用 MATLAB 神经网络工具箱构建 BP 神经网络可操作性强,具有较高的实用价值。将收集的样本数据分为训练样本集(序号:1～16)、检验样本集(序号:17～26)及预测样本集(序号:27～28)。

标准 BP 算法是利用定步长为 η 的梯度下降法来修改网络权重,在实际应用中存在内部缺陷,表现为:误差曲面易形成局部极小而并非全局最优;训练次数多,收敛速度慢。为此,实际应用中常常对标准 BP 算法模型进行改进,改进后的 BP 算法模型主要有:

(1) 变步长 BP 算法,即:

$$w_{ij}(n_0+1) = w_{ij}(n_0) + \eta(n_0)d(n_0) \tag{2-46}$$

式中,$\eta(n_0)$ 为变步长函数。

(2) 动量加载 BP 算法,即:

$$w_{ij}(n_0+1) = w_{ij}(n_0) + \eta d(n_0) + \alpha w_{ij}(n_0) \tag{2-47}$$

式中,η 为步长;α 为动量因子。

(3) 动量加载变步长 BP 算法,即:

$$w_{ij}(n_0+1) = w_{ij}(n_0) + \eta(n_0)d(n_0) + \alpha w_{ij}(n_0) \tag{2-48}$$

式中,$\eta(n_0)$为变步长函数。

(4) Levenberg_Marquardt BP 算法,即:

$$w_{ij}(n_0+1) = w_{ij}(n_0) - 2(\boldsymbol{H} + \mu \boldsymbol{D}_H)^{-1} \nabla \boldsymbol{E}[w_{ij}(n_0)] \tag{2-49}$$

式中,$\boldsymbol{H}$ 为能量函数E 在$w_{ij}(n_0)$ 处的 Hessian 阵;$\boldsymbol{D}_H$ 为对角阵,对角元素与 $\boldsymbol{H}$ 的对角元素相同;$\nabla \boldsymbol{E}$ 为 $\boldsymbol{E}$ 在 $w_{ij}(n_0)$ 处的导数矩阵。BP 网络训练流程如图 2-22 所示。

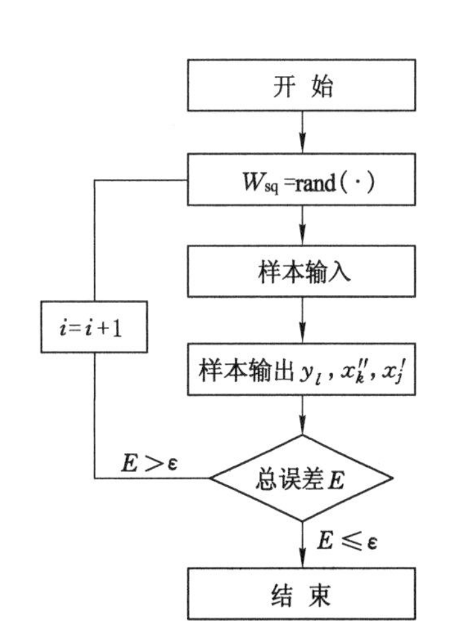

图 2-22 BP 网络训练流程图

分别利用标准 BP 算法(traingd)、动态自适应变步长 BP

算法(traingda)、动量加载 BP 算法(traingdm)、动态自适应变步长动量加载 BP 算法(traingdx)及 Levenberg_Marquardt(LM) BP 算法(trainlm)进行网络训练,每组重复训练20 次。

当误差达到 1e－5 停止训练,迭代次数上限为 10 000,即迭代超过 10 000 次认为收敛失败,记录各 BP 算法训练结果,如表 2-21 所示。

表 2-21　　各算法训练统计结果

BP 算法	收敛成功次数	平均迭代次数	最大迭代次数	最小迭代次数
标准	0	>10 000	>10 000	>10 000
变步长	10	6 104	9 184	2 077
加动量	0	>10 000	>10 000	>10 000
加动量变步长	20	2 134	4 829	652
LM	19	1 927	4 659	627

由表 2-21 可知,同等条件下,加动量变步长算法及 LM 算法的收敛成功率最高,变步长 BP 算法次之,标准 BP 算法及加动量 BP 算法收敛效率最低;迭代效率方面,加动量变步长算法及 LM 算法明显高于变步长 BP 算法,如图 2-23 所示。

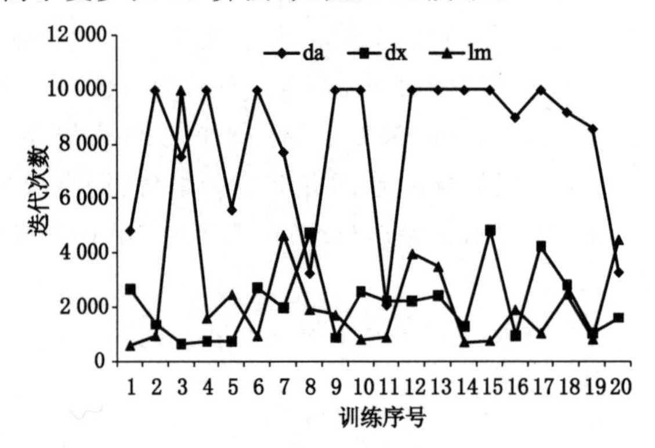

图 2-23　BP 算法迭代次数结果图

利用检验样本集对变步长算法、加动量变步长算法及 LM 算法训练的神经网络进行方差检验,结果如图 2-24 所示。

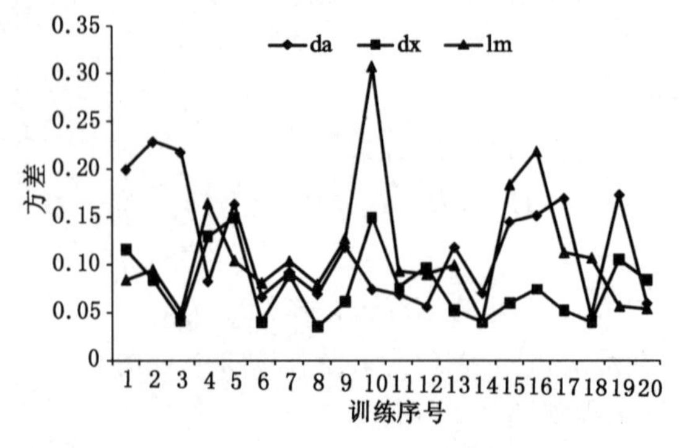

图 2-24　各 BP 算法方差检验效果图

利用检验样本集对训练好的神经网络进行方差检验，变步长算法、加动量变步长算法及LM算法训练的BP神经网络获得的平均方差分别为0.118 4、0.078 5、0.112 8，最小方差分别为0.045 6、0.035 5、0.041 6，加动量变步长算法训练的BP神经网络方差最小，综合迭代效率、收敛成功率及方差检验效果，确定利用加动量变步长BP算法训练的神经网络对薄煤层综采工艺模式进行评价及工作面产量的预测。

2.3.3 薄煤层综采工艺模式优选决策

2.3.3.1 网络训练

利用动态自适应变步长动量加载BP算法对网络重复训练100次，其中一组经训练完成的神经网络训练过程如图2-25所示。

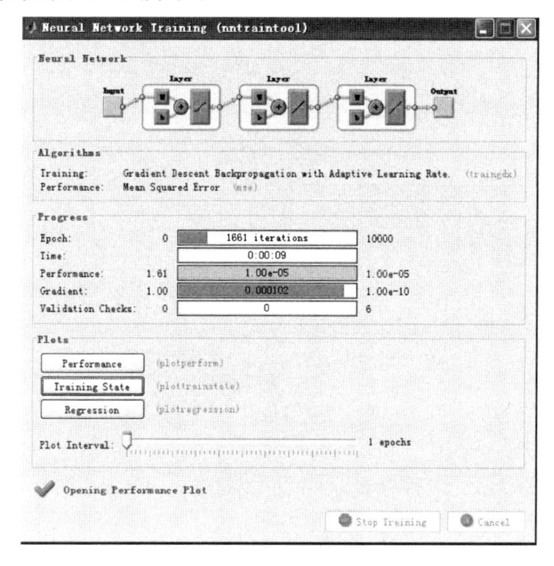

图2-25 网络训练过程

网络训练以均方差达到1e−5为目标，训练均方差的变化曲线如图2-26(a)所示，网络输出值与目标值的线性回归曲线如图2-26(b)所示，线性回归指数达到0.999 95，训练效果满足实际需求。

2.3.3.2 网络检验

将检验样本集输入到以上训练完成的网络，获得工艺方式及工作面产量的网络输出值，通过与检验样本中的目标值进行拟合，根据拟合效果选择最优的神经网络用以实现综采工艺方式的评价。

(1) 工艺模式

综采工艺模式的网络预测结果即与神经网络工艺模式输出值最接近的整数对应的薄煤层综采工艺模式，据此可以得到检验样本集工艺模式对应的理想神经网络输出值域，如图2-27所示。

神经网络的工艺模式输出值域为[0.5,4.5]，利用检验样本得到的工艺模式输出值落入理想输出值域的百分比为神经网络预测工艺模式的精度，用e表示，表2-22为经筛选的100组神经网络预测的工艺模式结果。

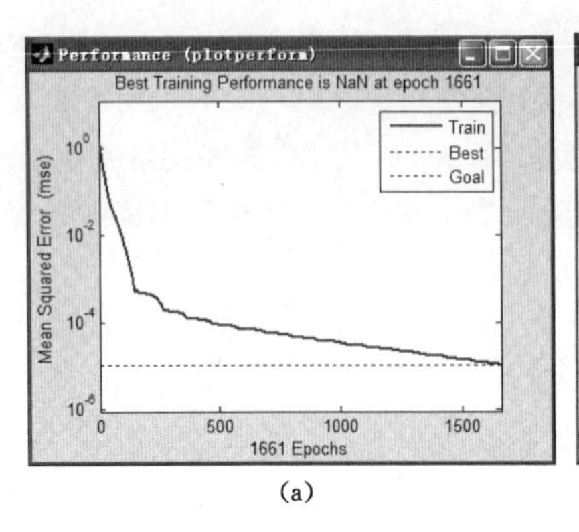

(a)

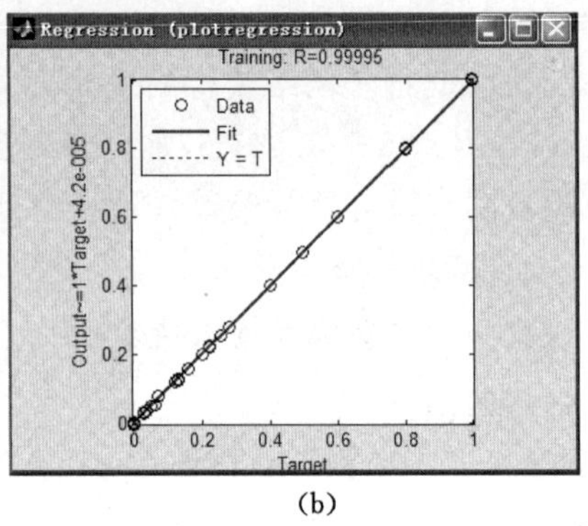

(b)

图 2-26 训练结果图

(a) 目标误差曲线；(b) 输出值—目标值回归曲线

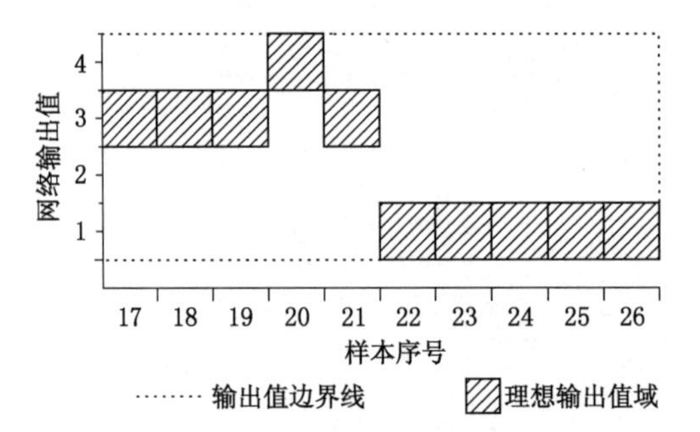

图 2-27 检验样本集工艺模式对应的网络输出理想值

表 2-22　　　　检验样本集工艺模式输出表

样本＼网络	1	2	3	4	5	6	7	…	99	100	目标值
17	2.9	3.2	3.4	~~***3.6***~~	3.2	2.8	3.0	…	2.6	2.9	3.0
18	2.6	2.7	3.1	3.1	2.6	2.5	2.6	…	3.2	2.6	3.0
19	~~***2.4***~~	3.1	3.2	3.3	2.8	2.4	2.6	…	3.3	2.6	3.0
20	3.9	3.7	3.5	3.6	3.6	2.9	3.0	…	3.6	3.8	4.0
21	2.6	3.3	2.9	~~***2.3***~~	2.8	3.3	2.9	…	3.3	~~***2.1***~~	3.0
22	0.5	1.2	1.3	0.9	1.2	0.8	1.2	…	~~***0.3***~~	1.1	1.0
23	1.0	1.1	1.3	0.9	1.0	0.9	0.8	…	0.8	0.8	1.0
24	0.7	1.0	0.9	0.6	0.7	~~***1.8***~~	0.9	…	~~***1.7***~~	0.7	1.0
25	0.7	0.8	1.3	0.8	0.9	0.6	0.6	…	~~***2.2***~~	1.1	1.0
26	1.3	1.2	0.8	1.3	1.1	1.0	1.3	…	0.8	0.8	1.0
精度 e/%	90	**100**	**100**	80	**100**	90	**100**	…	70	90	

以前6组为例，绘制了网络输出的工艺模式检验结果图，如图2-28所示，其中，49组神经网络预测工艺模式精度为100%，利用该49组神经网络进行工艺模式的预测与评价是可信的。

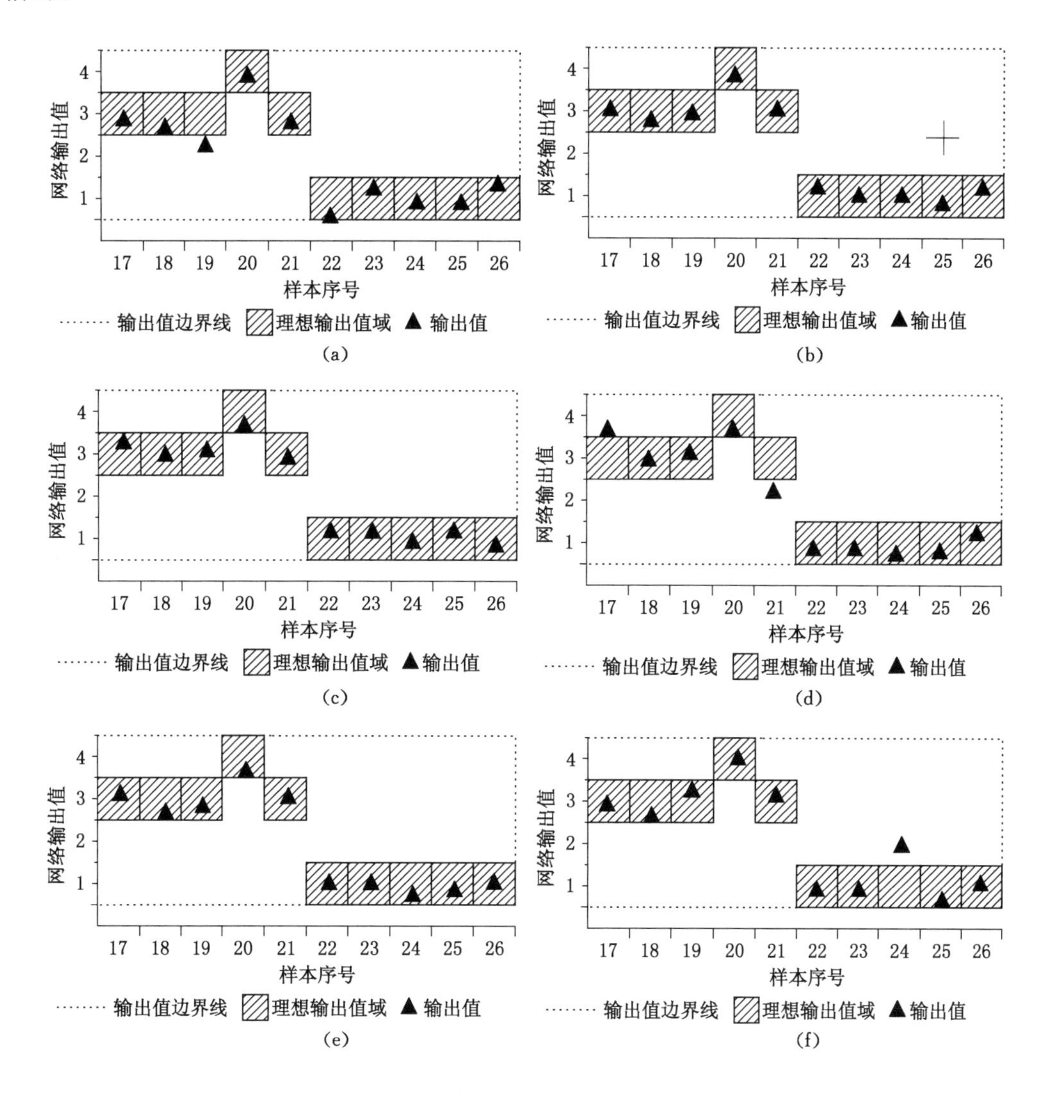

图2-28　工艺模式检验效果图

(a) $e=90\%$；(b) $e=100\%$；(c) $e=100\%$；

(d) $e=80\%$(e) $e=100\%$；(f) $e=90\%$

(2) 工作面日产量

与以上49组神经网络预测的工艺模式相对应的工作面日产量输出结果见表2-23，利用样本均方差(mse)来表征日产量的网络输出值与目标值的拟合关系。

随机选择其中3组神经网络，绘制网络输出的产量检验结果图，如图2-29(a)、(b)、(c)所示，并绘制了该49组神经网络工作面平均日产量的输出结果图，如图2-29(d)所示，利用平均产量值预测工作面产量的均方差为0.49e6，较单一网络预测精度明显提高，为此，确定利用所选的多组神经网络输出的产量平均值对薄煤层综采工作面产量进行预测，结果更加

表 2-23　　检验样本集产量输出结果表

网络 样本	1	2	3	4	5	6	…	48	49	平均值	目标值
17	2 594	3 842	2 544	3 448	3 538	3 415	…	3 017	2 185	3 500	4 400
18	3 331	2 693	4 087	3 445	5 264	4 740	…	4 123	3 475	3 589	3 000
19	1 669	1 324	1 476	2 003	1 845	2 435	…	1 596	1 286	1 765	1 538
20	1 386	1 778	1 647	1 665	1 581	1 900	…	1 689	859	1 489	1 000
21	863	605	338	301	541	839	…	480	621	584	312
22	1 564	419	495	1 061	1 011	168	…	304	376	645	556
23	1 989	2 002	2 005	1 990	1 997	1 996	…	2 009	1 995	1 995	2 000
24	2 288	1 929	1 736	2 376	1 466	3 345	…	3 356	3 511	2 478	2 600
25	4 741	2 192	4 305	4 022	3 000	2 386	…	4 486	3 589	3 781	3 684
26	1 618	2 314	1 916	2 167	2 966	2 273	…	3 288	3 114	2 600	2 266
mse/e6	3.25	1.92	3.15	1.10	2.78	4.14	…	1.93	3.45	**0.49**	

具有可信度。

从产量的预测结果与实际产量的比较结果可以看出，利用所选的多组神经网络对薄煤层综采工作面产量进行预测的误差范围为(－300,300)，可以满足工作面产量预测的工程要求，辅助验证了薄煤层综采工艺模式聚类评价模型的可行性与准确度。

2.3.3.3　网络预测

利用以上所选的 49 组神经网络作为预测网络，对典型薄煤层综采工作面(凉水井矿 43101、郭二庄矿 22204 薄煤层综采工作面)工艺模式进行优选及产量预测。工作面工艺模式预测输出结果见表 2-24，与工艺模式预测值相对应的工作面平均日产量预测结果见表 2-25。

表 2-24　　工艺模式网络预测结果表

预测值 样本	[0.5,1.5]	[1.5,2.5]	[2.5,3.5]	[3.5,4.5]
	概率/%	概率/%	概率/%	概率/%
43101 工作面	1	25	66	8
22204 工作面	7	16	71	6

表 2-25　　工作面平均日产量网络预测结果表

预测值 样本	[0.5,1.5]	[1.5,2.5]	[2.5,3.5]	[3.5,4.5]
	产量/(t/d)	产量/(t/d)	产量/(t/d)	产量/(t/d)
43101 工作面	1 492	2 061	2 486	1 367
22204 工作面	987	2 487	3 156	1 148

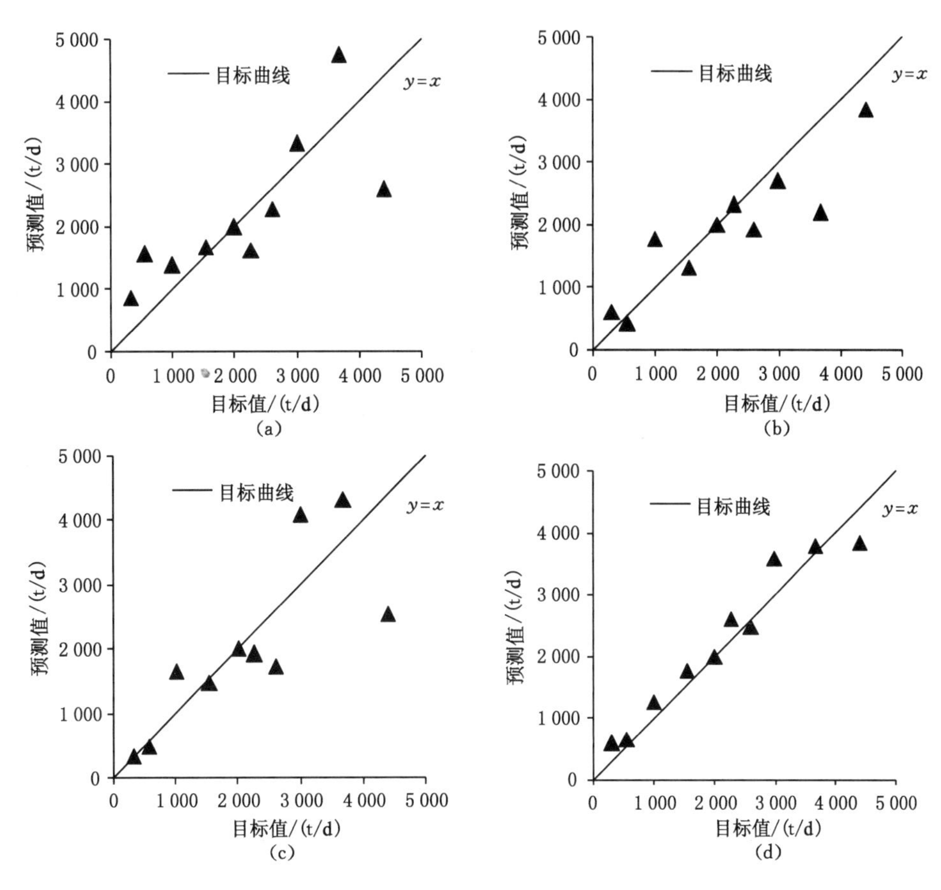

图 2-29 产量检验效果图

(a) mse=3.25e6;(b) mse=1.92e6;(c) mse=3.15e6;(d) mse=0.49e6

根据以上预测结果,绘制了工艺模式评价结果图及工作面日产量预测结果图,分别如图 2-30 和图 2-31 所示。

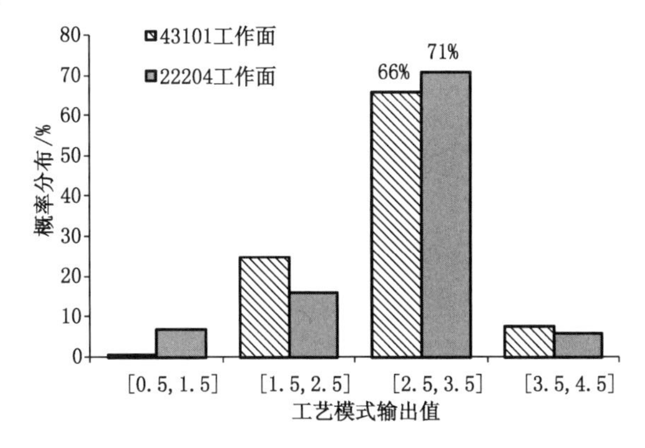

图 2-30 工作面工艺模式优选结果

结果表明,利用多组神经网络对薄煤层综采工艺模式进行预测,预测结果服从概率分布,根据概率分布值确定薄煤层综采工艺模式选择的优先程度,其中,最大概率值对应的综

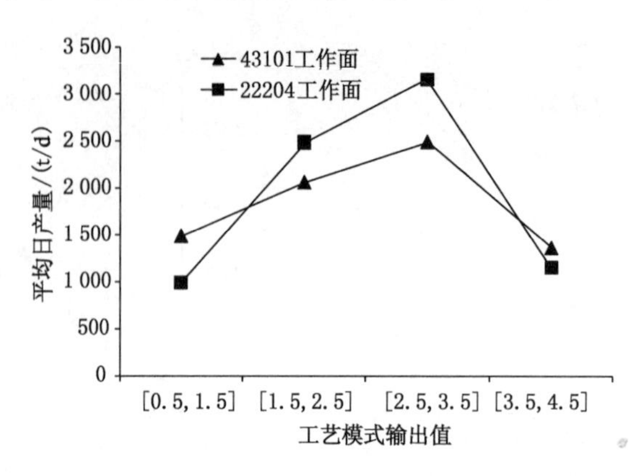

图 2-31　工作面平均日产量预测结果

采工艺模式为优先选择的工艺模式，据此得到凉水井矿 43101 薄煤层工作面、郭二庄矿 22204 薄煤层工作面均宜选择自动化综采工艺模式，可信度分别达到 66%和 71%。目前，凉水井矿 43101 工作面按照自动化综采工艺模式进行工作面开采设计，郭二庄矿 22204 工作面正常回采期间采用自动化综采工艺模式，与网络优选的工艺模式相吻合。

工作面平均日产量与对应工艺模式有关，不同工艺模式对应的工作面平均日产量预测结果差别较大，网络预测自动化综采工艺模式条件下，凉水井矿 43101 薄煤层工作面、郭二庄矿 22204 薄煤层工作面平均日产量分别为 2 486 t/d，3 156 t/d。

2.3.3.4　工业性试验

针对薄煤层综采工作面开采的不同阶段，通过工艺模式间的相互配合完成薄煤层工作面开采的阶段任务，工艺模式的匹配属于动态调整的过程，不同工艺模式承担不同阶段的开采任务。

郭二庄矿 22204 薄煤层工作面正常回采期间采用自动化综采工艺，为保障自动化综采工作面的稳定运行，提出并设计了“跟机控制综采工艺(15 d)→分段控制综采工艺(15～20 d)→自动化综采工艺(正常回采)”的三阶段分步实施方案，按照设计的工艺模式实施策略，达到了 22204 薄煤层综采工作面减人增效的目的。

22204 工作面在实施“跟机控制综采工艺→分段控制综采工艺→自动化综采工艺”的进程中，工作面内圆班工人数目分别为 39 人(跟机控制综采工艺)、43 人(分段控制综采工艺)、23 人(自动化综采工艺)。跟机控制及自动化综采工艺模式下 22204 工作面内工人劳动组织分别见表 2-26 和表 2-27。

表 2-26　　跟机控制综采工艺工作面内工人劳动组织表

序号	工种	人数			合计
		检修班	生产一班	生产二班	
1	班组长	1	1	1	3
2	采煤机司机	2	2	2	6
3	输送机司机	1	1	1	3
4	支架工	2	4	4	10

续表 2-26

序号	工种	人数			合计
		检修班	生产一班	生产二班	
5	清煤工	1	2	2	5
6	电工	3	1	1	5
7	维修工	2	1	1	4
8	质量验收员	1	1	1	3
合计		13	13	13	39

表 2-27 自动化控制综采工艺工作面内工人劳动组织表

序号	工种	人数			合计
		检修班	生产一班	生产二班	
1	班组长	1	1	1	3
2	巡检员	1	1	1	3
3	清煤工	1	2	2	5
4	电工	3	1	1	5
5	维修工	2	1	1	4
6	质量验收员	1	1	1	3
合计		9	7	7	23

较跟机控制综采工艺，自动化综采工艺条件下工作面内圆班工人数减少 41%，生产班工人数相对减少 46%，减少的工作面人员主要为采煤机司机、支架工及刮板输送机司机，工作面人员工效由 44.3 t/工提高至 58.8 t/工，增加 32.8%，达到了自动化工作面减人增效的目的。

22204 工作面基本实现薄煤层的自动化开采，自动化开采期间平均日产量达到 2 883 t/d，与网络预测结果基本吻合，验证了薄煤层综采工艺模式优选评价及产量预测的准确性。

3 薄煤层长壁综采工作面设备选型与配套

综采工作面设备作为综采工艺的关键组成部分,对工作面系统可靠性、劳动效率、生产能力起着决定性作用,合理的设备选型对于构建有效的生产系统具有重要的现实意义。工作面设备选型与配套的核心为合理选择能够完成采煤工艺各阶段任务的设备组合,本书针对薄煤层长壁综采工艺设备选型过程,通过建立基于遗传算法的薄煤层综采工作面设备选型与配套专家系统,并研发配套的智能化设备选型决策软件,实现薄煤层设备的智能化选型。

综采工作面设备选型与配套工程属于矿井开采设计不可或缺的重要组成部分,需要综合考虑、权衡利弊,属于典型的多目标多属性决策问题,显然选型过程具有多解性,难以用数学模型精确表示,然而长期从事综采设备设计、制造及使用的专家能够很好地处理这类问题,但通常需要兼顾各领域专家的知识进行综合评判,属于一项高成本的目标决策活动。

针对综采工作面开采的实际需求,面对国内外多样化的综采设备,为实现工作面快捷、有效的设备选型,国内外学者进行了大量的有效尝试,也取得了较为显著的应用效果,其中,专家系统的引入与应用尤为成功,对提高设备选型与配套的智能化程度、降低选型循环决策成本及改善工作面设备管理质量提供了较为理想的技术途径。但以往设备选型与配套专家系统的研究大多集中在中厚煤层及厚煤层综采工作面,薄煤层综采设备选型与配套专家系统的研究并未取得及时跟进,运用专家知识和推理方式开发的专家系统对于解决薄煤层综采工作面设备选型与配套的决策难题具有良好的应用前景。

专家系统是最早被引入矿业领域且较为成熟的人工智能技术,是一种基于特定领域内专家知识进行构建,模拟专业领域专家的思维过程,用以解决过去需要专家才能解决的实际问题的计算机系统,在处理多目标多属性决策问题方面具有很强的自适应能力[80]。专家系统的主要作用在于依据一定的规则进行推理,给出合适的结论,优势在于强大的符号推理功能,能够很好地模拟行业内专家思维进行决策,但是在网络寻优能力方面相对薄弱,很难从庞大数量的可行解中寻找最优解,而遗传算法正是针对这一难题发展起来的优化算法,遗传算法[81,82]是建立在遗传学自然选择的基础上,依据概率进行搜索寻优的一种智能算法,因其高效的自适应搜索能力,在组合优化、函数优化、自适应控制等领域取得了许多成功的应用,建立遗传算法优化的专家系统能够很好地解决专家系统寻优能力薄弱的问题[83]。

3.1 设备选型与配套专家系统原理

专家系统是在计算机内依据专家经验建立的基于知识的系统,该系统能够提供智能的建议或对处理功能作出智能的决策,就构造而言,其核心部件主要包括数据库、知识库、推理机[84],如图 3-1 所示。

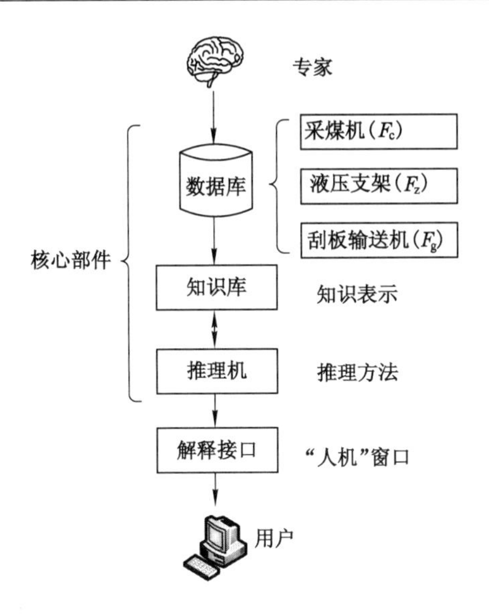

图 3-1 设备选型专家系统结构图

3.1.1 设备选型与配套专家系统数据库

Access 数据库管理软件以其界面友好、易于操作的优点，常常被用来存储和管理小型化商业活动所需要的数据，能够与 VB(Visual Basic)等编程语言进行很好的融合，生成对应的信息管理系统。VB 语言是基于 Windows 开发的一种简单易学的编程语言，以 Access 为基础数据库、VB 为编程语言进行“薄煤层工作面设备选型与配套专家系统”的开发易于实现，具有很强的可操作性[85]。

薄煤层设备选型与配套专家系统数据库主要存放薄煤层滚筒采煤机、液压支架、刮板输送机设备的性能参数，薄煤层综采工作面设备选型的成功案例集合及选型中间过程获取的相关信息及选型结果。根据专家系统的用户需求，构建专家系统数据库，并主要以滚筒采煤机信息实体、液压支架信息实体及刮板输送机信息实体为例进行阐述。

(1) 滚筒采煤机信息实体：主要用来表征滚筒采煤机的基本信息，包括采煤机型号、采高、截深、牵引速度、截割功率、装机功率、滚筒截深、产品价格等一系列信息，其中薄煤层滚筒采煤机最小采高及装机功率的统计结果在 1.2.2 小节进行了详细阐述。

(2) 液压支架信息实体：主要用来表征液压支架的基本信息，包括液压支架型号、额定工作阻力、额定初撑力、最大支撑高度、最小支撑高度、中心距、支护强度、产品价格等一系列信息，其中薄煤层液压支架工作阻力及最小支撑高度的统计结果在 1.2.2 小节进行了详细阐述。

(3) 刮板输送机信息实体：主要用来表征刮板输送机的基本信息，包括刮板输送机型号、输送能力、设计长度、装机功率、产品价格等一系列信息，其中刮板输送机输送能力的统计结果在 1.2.2 小节进行了详细阐述。

(4) 遗传算法编码：

根据数据库中存储的薄煤层滚筒采煤机、液压支架及刮板输送机种类，薄煤层综采工作面设备选型数据库共储存了 127 551 种设备配套方案，设备选型与配套专家系统的任务即从以上设备配套方案中选择用户需求的合理方案。

根据专家系统的数据库中信息实体的分布特征，遗传算法的编码利用二进制编码方法[86]，即遗传染色体 $X=(x_1,x_2,\cdots,x_i,\cdots,x_n)$ 表示由二进制数经排列组合构成的编码符号串，其中，染色体中的 x_i 为基因，取值 0 或 1，称为位值，染色体长度取决于实际问题求解的精度，二进制编码将实际问题的解空间映射到编码空间，在编码空间内进行遗传操作，得到的结果通过解码还原到实际问题的解空间进而进行评估与选择。

设个体编码符号串为 $X=b_lb_{l-1}\cdots b_2b_1$，对应的解码过程可以表示为：

$$x=U_{\min}+(\sum_{i=1}^{l}b_i\cdot 2^{i-1})\frac{U_{\max}-U_{\min}}{2^l-1} \tag{3-1}$$

式中 $U_{\min}$——最小的十进制数；

$U_{\max}$——最大的十进制数；

l——二进制编码串长度；

$\sum_{i=1}^{l}b_i\cdot 2^{i-1}$——个体 X 对应的十进制数值。

设想采用三位实数分别代表数据库中滚筒采煤机、液压支架、刮板输送机型号，转换为二进制数，需要 17 位二进制数表示，其中，前 5 位代表采煤机型号，中间 6 位代表液压支架型号，最后 6 代表刮板输送机型号，如图 3-2 所示，按照以上编码格式，图中染色体表征的设备选型个体为：滚筒采煤机型号为 21、液压支架型号为 39、刮板输送机型号为 30。

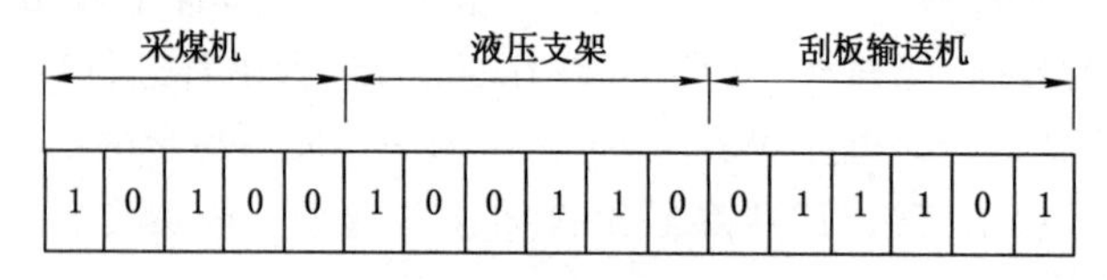

图 3-2 设备编码示意图

3.1.2 设备选型与配套专家系统知识库

知识库是以某种形式存储专家系统知识的计算机程序，是专家系统的核心部件。知识获取的主要来源为书籍、经验、交流等，通过对获取的知识进行分析、归纳、总结，形成用自然语言表达的知识条款，薄煤层设备选型与配套专家系统知识的表达采用产生式规则法[87]，即利用 If-Then 形式的规则存储专家知识，表示为：

If A Then B

其中，A 为产生式的前提或条件；B 为产生式的结论或指令。产生式规则的含义为：若前提 A 成立，则能够得出结论 B。

3.1.3 设备选型与配套专家系统推理机

推理机是一组控制、协调专家系统运转的计算机程序，其根据一定的推理策略，从知识库中选择有关的规则，对用户提供的证据进行推理并求解问题，利用遗传算法实现专家系统的推理流程，如图 3-3 所示[88]。

遗传算法中把问题的可行解表示为“染色体”，算法的基本思路是从初始“染色体”群即初始种群出发，在特定的自然环境条件下，经历复制、交叉和变异等遗传操作，始终贯彻适者生存的进化法则，经历一代代的演变与进化，最后收敛于设定环境的一个染色体处，即所求问题的最优解。

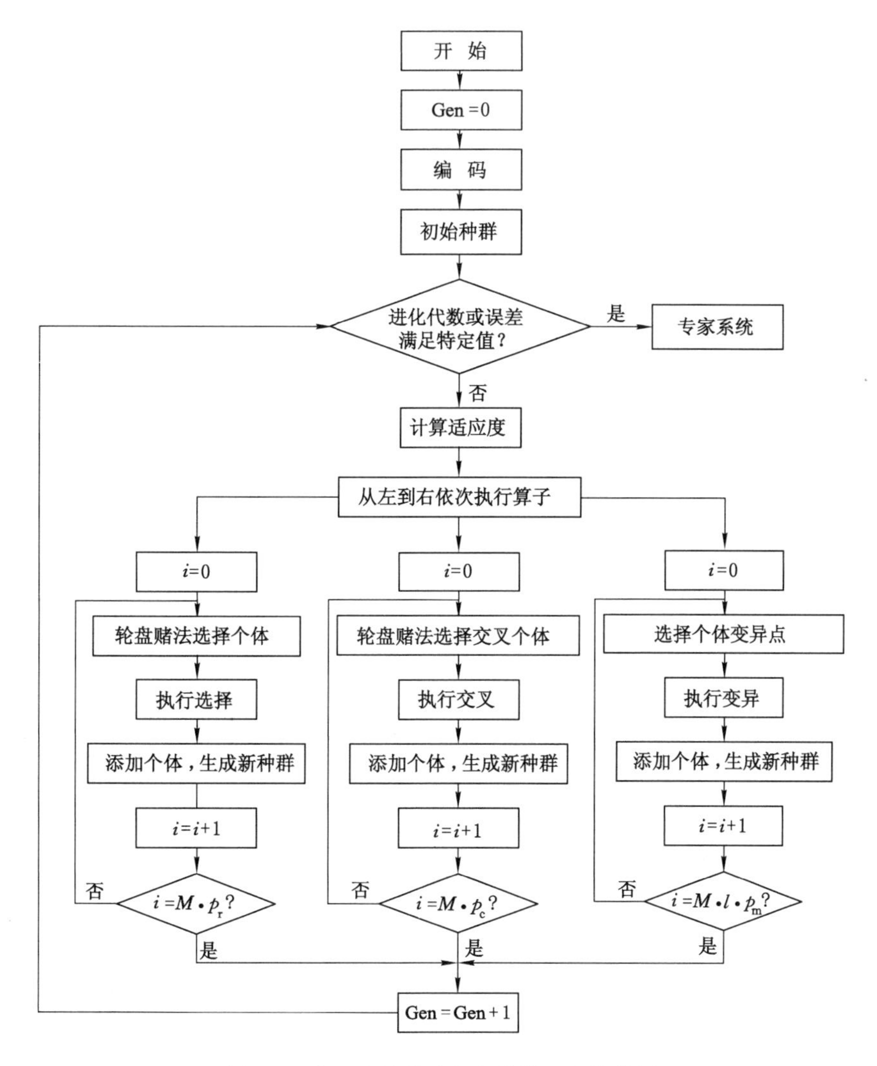

图 3-3 基于遗传算法优化的推理机结构图

适应度函数是评价个体适应环境能力的唯一定量指标，在薄煤层综采工作面关键设备选型与配套专家系统中，指由专家系统选择的设备选型配套方案对薄煤层综采工作面开采环境的适应程度，由求解问题的目标函数变换得到。

薄煤层综采工作面设备选型与配套是为了选出满足工作面开采需求的技术型与经济型设备组合，结合薄煤层综采工作面开采实际生产条件，参考金属矿山[81]及煤矿开采[89,90]中的设备选型约束模型，确立了薄煤层综采工作面设备选型与配套的简化目标函数：

$$\begin{cases} f(x) = C_c + Z_c + G_c \\ F_c, F_z, F_g \end{cases} \tag{3-2}$$

式中 $f(x)$——与工作面主要设备相关的日生产成本，包括设备折旧费、电费、材料费及人员工资；

C_c——滚筒采煤机日生产成本，由式(3-3)求得；

Z_c——液压支架日生产成本，由式(3-3)求得；

G_c——刮板输送机日生产成本，由式(3-3)求得；

F_c, F_z, F_g——分别代表滚筒采煤机、液压支架、刮板输送机选型的约束条件，分别由式(3-4)、式(3-5)和式(3-6)求得。

$$\begin{cases} C_c = C_{c1} + C_{c2} + C_{c3} + C_{c4} \\ Z_c = Z_{c1} + Z_{c2} + Z_{c3} + Z_{c4} \\ G_c = G_{c1} + G_{c2} + G_{c3} + G_{c4} \end{cases} \tag{3-3}$$

式中 C_{c1}, Z_{c1}, G_{c1}——分别代表采煤机、液压支架及刮板输送机的吨煤折旧费用，元/t，由 $C_c = \dfrac{k(Y_s - E_s)}{QT_s}$ 求得，其中，k 为工作面内对应设备的需求数目，滚筒采煤机数目为1，液压支架数量按照工作面长度进行计算求得，刮板输送机数目为1；

Q——工作面设计生产能力，t/a；

T_s——设备服务年限，一般取8 a；

Y_s——设备的固定资产原值；

E_s——设备的残值；

C_{c2}, Z_{c2}, G_{c2}——分别代表采煤机、液压支架及刮板输送机操作人员的工资，由矿山人力资源部提供，元/t；

C_{c3}, Z_{c3}, G_{c3}——分别代表采煤机、液压支架及刮板输送机的吨煤作业电费，元/t；

C_{c4}, Z_{c4}, G_{c4}——分别代表采煤机、液压支架及刮板输送机消耗的材料费用，参照工作面开采实际获得，元/t。

滚筒采煤机选型的约束条件 F_c 表示为：

$$\begin{cases} (H_{\min}, H_{\max} + X) \subseteq (H_{\min 0}, H_{\max 0}) \\ \alpha \leqslant \alpha_0 \\ v \leqslant v_0 \\ v_{\max} \leqslant v_{0\max} \\ N \leqslant N_0 \\ N_j \leqslant N_{j0} \end{cases} \tag{3-4}$$

式中 $H_{\min}, H_{\max}$——分别代表工作面设计的最小采高与最大采高，m；

$H_{\min 0}, H_{\max 0}$——分别为备选采煤机采高下限与上限，m；

X——采煤机卧底量，取0.2 m；

α——用户需求的采煤机爬行坡度，(°)；

α_0——备选的采煤机爬坡能力，(°)；

$v, v_{\max}$——分别代表用户需求的采煤机平均割煤速度及最大运行速度，m/min，由工作面平均日产量 Q_d 及作业方式反算求得，如端部斜切进刀双向割煤条件下可分别表示为：$v = \dfrac{Q_d(L + L_s)}{TKLHB\rho C}$，$v_{\max} = K_c v$，其中，$L$ 为工作面长度，m；L_s 为进刀段长度，m；T 为每日工作时间，h；K 为工作面开机率；H 为工作面平均采高，m；B 为工作面截深，m；ρ 为煤层密度，t/m^3；C 为薄煤层综采工作面回采率，取0.98；K_c 为割煤速度不稳定系数，一般取1.5；

$v_0, v_{0\max}$ ——分别代表备选采煤机平均理论运行速度及最大运行速度，m/min；

N, N_j ——分别代表用户需求的装机功率及截割功率，kW，分别由 $N \geqslant 60BH_{\max}v_{\max}\omega K_n/3.6$，$N_j = (0.8 \sim 0.85)N$ 计算求得，其中，ω 为采煤机截割煤岩体单位能耗，MJ/m^3，一般为 1.1～4.4，坚硬煤岩体取上限，反之取下限；K_n 为截割能耗富余系数，一般取 1.3～1.5；

N_0, N_{j0} ——分别代表备选采煤机装机功率及截割功率，kW。

液压支架选型的约束条件 F_z 表示为：

$$\begin{cases}(H_{z\min}, H_{z\max}) \subseteq (H_{z0\min}, H_{z0\max}) \\ P_z \leqslant P_{z0} \\ q_{zd} \leqslant q_{zd0}\end{cases} \tag{3-5}$$

式中 $H_{z\min}, H_{z\max}$ ——分别代表用户需求的液压支架高度下限与上限，m，由 $H_{z\min} = H_{\min} - (0.25 \sim 0.35)$，$H_{z\max} = H_{\max} + (0.1 \sim 0.2)$ 求得；

$H_{z0\min}, H_{z0\max}$ ——分别代表备选液压支架结构高度下限与上限，m；

P_z ——用户需求的液压支架工作阻力，kN，由 $P_z = 10^{-2}K_zH_{\max}\gamma_1 S_z/\eta_z$ 求得，其中，K_z 为作用在支架上的顶板岩石厚度系数，取 5～8；

γ_1——顶板岩石重度，kN/m^3；

S_z——薄煤层液压支架支护面积，m^2；

η_z——液压支架支撑效率，取 0.85；

P_{z0} ——备选液压支架工作阻力，kN；

q_{zd} ——用户需求的液压支架底板比压，MPa，由 $q_{zd} = 0.9P_z/S_{zd}$ 求得，其中，S_{zd} 为液压支架底座承压面积，m^2；

q_{zd0} ——备选液压支架容许底板比压，MPa。

工作面刮板输送机选型约束条件 F_g 表示为：

$$\begin{cases}Q_g \leqslant Q_{g0} \\ N_g \leqslant N_{g0}\end{cases} \tag{3-6}$$

式中 Q_g ——用户需求的刮板输送机运输能力，t/h，由 $Q_g = 1.4 \times 60v_{\max}H_{\max}B\rho$ 计算求得；

Q_{g0} ——备选的刮板输送机运输能力，t/h；

N_g ——用户需求的刮板输送机装机功率，kW，由 $N_g = [2q_gf_1\cos\alpha + q_0(f_2\cos\alpha \pm \sin\alpha)]v_gL_g/(65\eta_g)$ 计算求得，其中，η_g 为传动效率，取 0.9；L_g 为输送机铺设长度，m；f_1 为刮板链条与运输槽的摩擦系数，一般为 0.25～0.35；f_2 为工作面煤体与运输槽的摩擦系数，一般取 0.6～0.8；q_g 为刮板链每米质量，kg/m；v_g 为链速，m/s；q_0 为每米中部槽内煤的质量，$q_0 = Q_{g0}/(3.6v_g)$；

N_{g0} ——备选的刮板输送机额定功率，kW。

由以上目标函数的分析可知，设备选型与配套属于全局最小值优化问题，由目标函数变换得到的适应度函数为：

$$F(x) = \begin{cases}C_{\max} - f(x) & f(x) < C_{\max} \\ 0 & f(x) \geqslant C_{\max}\end{cases} \tag{3-7}$$

式中，$C_{\max}$ 为相对较大的一个常数，以确保适应度函数始终为正值。

3.2 设备选型与配套专家系统软件

3.2.1 设备选型与配套专家系统软件开发

根据专家系统及遗传算法的基本原理，利用 VB 编程语言，编制了遗传算法改进的薄煤层综采工作面设备选型与配套专家系统软件，软件制作流程如图 3-4 所示。

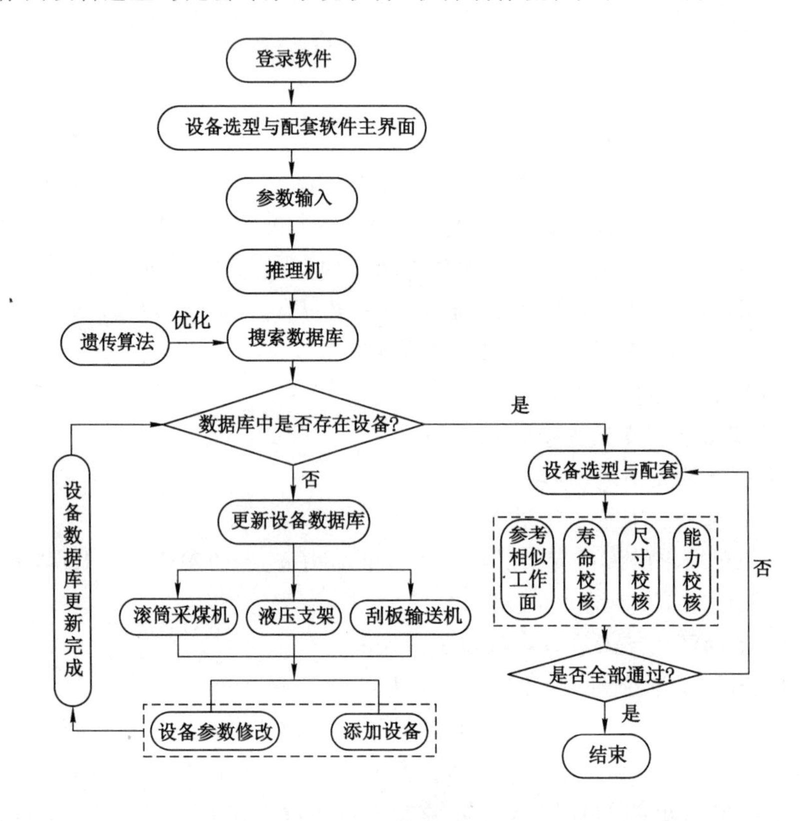

图 3-4 软件制作流程图

3.2.2 设备选型与配套专家系统软件使用

在计算机上根据用户指南进行“薄煤层工作面设备智能选型与配套安装程序.exe”程序的安装，如图 3-5 所示。

安装完成后，打开“薄煤层工作面设备智能选型与配套软件”，进入软件的登录界面，如图 3-6 所示。

输入用户名及密码，点击“登陆”按钮，进入设备选型与配套软件主界面，如图 3-7 所示。

(1) 工作面设备选型与配套

点击软件主界面中的“工作面设备选型与配套”按钮，进入设备选型所需工作面参数输入界面，如图 3-8 所示。将薄煤层工作面参数及相关地质条件输入专家系统，点击“开始选型”按钮，依次点击“滚筒采煤机”、“液压支架”及“刮板输送机”，得出适合特定条件下薄煤层工作面的“三机”配套方案，如图 3-9 所示。

图 3-5　软件安装界面

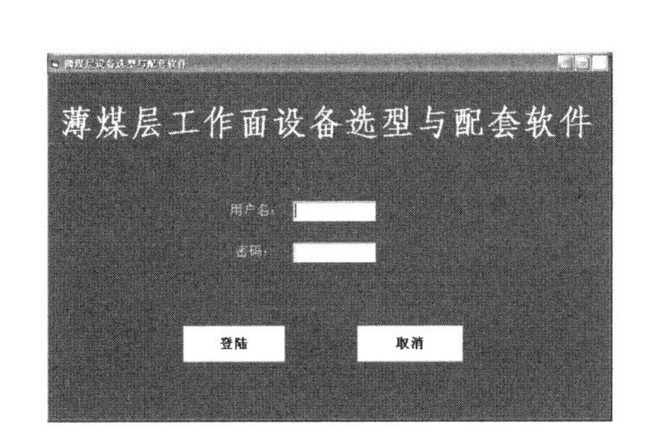

图 3-6　软件登录界面

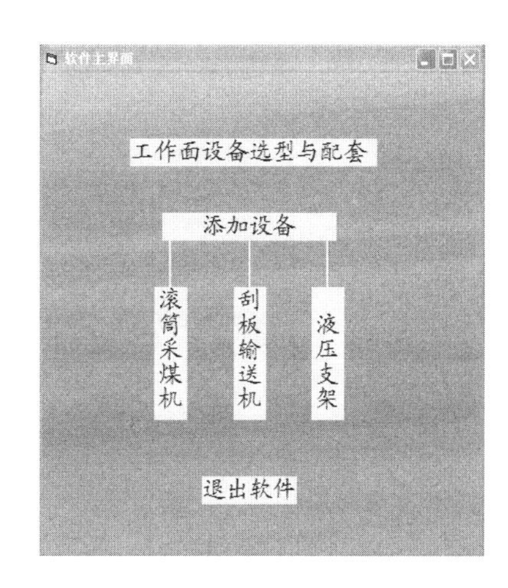

图 3-7　软件主界面

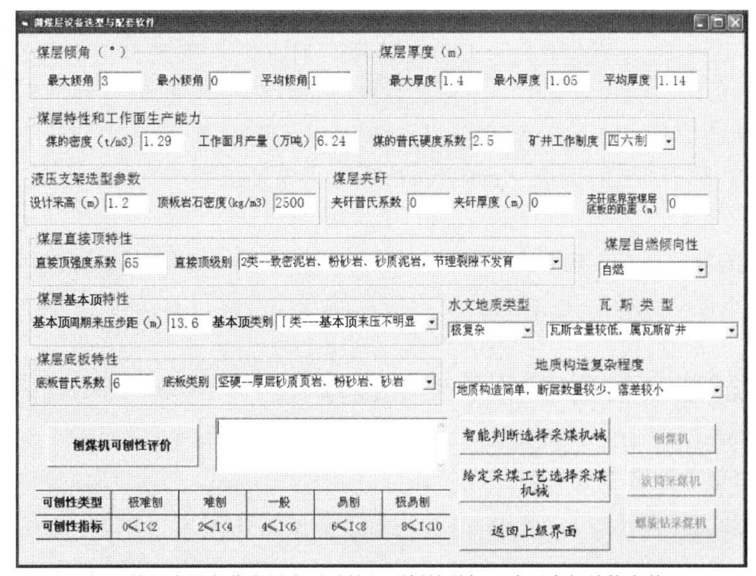

可刨性类型	极难刨	难刨	一般	易刨	极易刨
可刨性指标	0≤I<2	2≤I<4	4≤I<6	6≤I<8	8≤I<10

注：根据数据库设备信息用户手动输入刮板输送机及液压支架结构参数

图 3-8　地质条件输入界面图

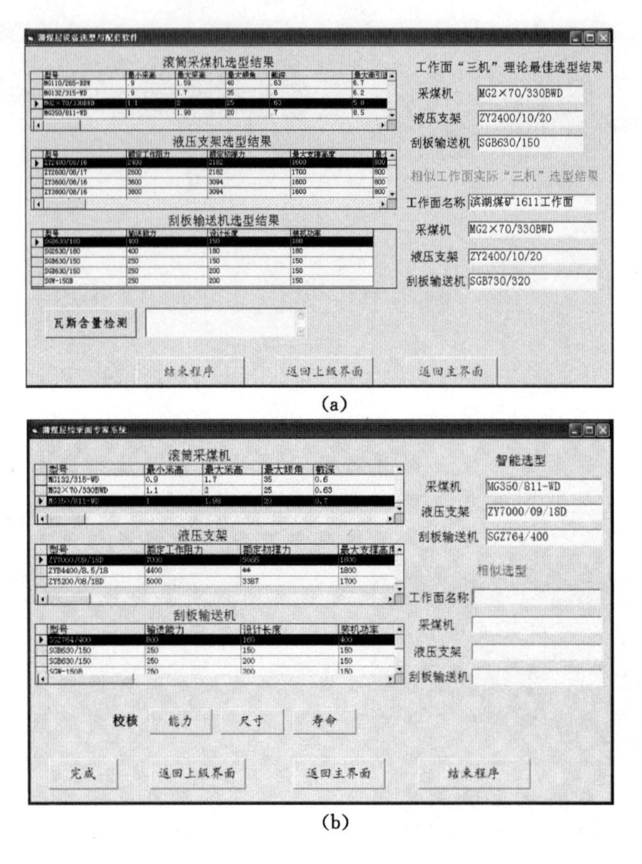

图 3-9　工作面设备选型结果图

(a) 选型结果界面；(b) 选型校核界面

依次点击“工作面‘三机’理论最佳选型结果”、“相似工作面实际‘三机’选型结果”按钮进行筛选，对理论选型和相似选型的结果进行对比，通过点击“寿命”、“尺寸”及“能力”按钮，实现对选型结果的配套校核，校核全部满足要求后，点击“导出”按钮，导出设备配套选型的结果，点击“结束程序”按钮，否则，返回上级界面进行重新选型。

(2) 添加设备

点击软件主界面中的“添加设备”按钮中的滚筒采煤机、液压支架及刮板输送机按钮，用以更新设备数据库中设备及参数修正，进入对应的添加设备界面，如图 3-10 所示。

3.3　设备选型与配套专家系统工程应用

3.3.1　设备选型与配套专家系统工程验证

利用调研的薄煤层综采工作面对设备选型与配套专家系统进行了工程验证，结果见表 3-1(注：表中阴影单元格表示与现场应用不一致的选型结果)。参照设备选型与配套专家系统工程验证结果，滚筒采煤机、液压支架及刮板输送机的智能选型准确率分别为 92%、75%、50%，主要原因为：

(1) 智能选择采煤机约束条件均为定量的约束条件，如采煤机生产能力、运行速度、采

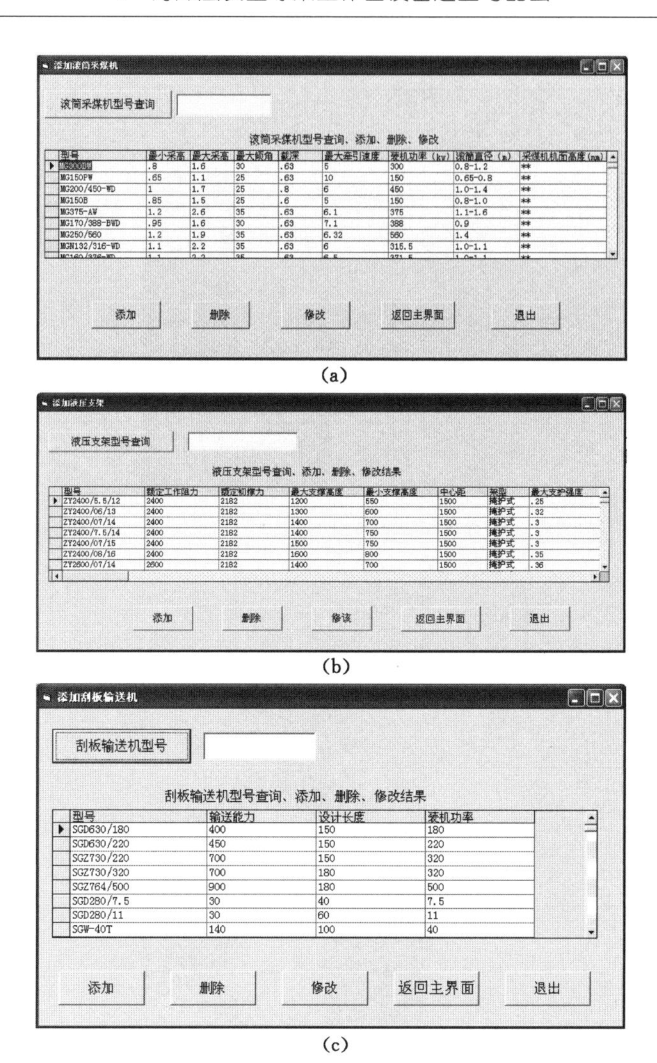

图 3-10 “添加设备”界面图

(a) 添加滚筒采煤机界面；(b) 添加液压支架界面；(c) 添加刮板输送机界面

高、装机功率等主要参数根据工作面实际条件可以定量提取，但忽略了截深对采煤机选型的影响，从而降低了采煤机选型可信度。

(2) 液压支架所需工作阻力仅采用理论分析的方法进行确定，方法单一，确定的支架工作阻力可信度较低。

(3) 同一约束条件下可行的刮板输送机选型方案往往是多样化的平行方案，随机选择一种可行性方案即为输出的刮板输送机选型策略。如针对中煤集团甘庄矿 8102 工作面刮板输送机选型，数据库中满足输送能力 1 200 t/h、装机功率 630 kW 且通过设备选型校核要求的刮板输送机共 3 种，型号分别为 SGZ764/630，SGZ800/630，SGZ830/630，随机选择一种可行性方案即可作为系统输出的刮板输送机选型策略，决策结论多样。

根据工程验证的结果，针对薄煤层综采工作面滚筒采煤机及液压支架的智能选型进行了必要的修正，修正策略为：

(1) 通过合理选择截深对采煤机智能选型结果进行优选，优选的理论基础为：工作面煤

表 3-1　　设备选型与配套专家系统工程验证表

选型结果 \ 工作面		朱庄矿Ⅱ646工作面	岱庄矿3303工作面	南屯矿3602工作面	小屯矿14459工作面	沙曲矿22201工作面	杨村矿1701工作面	郭二庄矿22204工作面	郭二庄矿22406工作面	郭二庄矿22410工作面	唐山沟矿8812工作面	甘庄矿8102工作面	谢一矿$5121B_{10}$工作面
现场应用	滚筒采煤机	MG200/456—WD	MG200/456—WD	MG180/420—BWD	MG200/456—AWD	MG2×150/700—WD	MG110/250—BW	MG2×160/710—AWD	MG2×160/710—AWD	MG2×160/710—AWD	MG2×160/710—AWD	MG2×160/730—AWD2	MG2×150/700—WD
	液压支架	ZY4000/09/20	ZY3600/10/20	ZY2600/6.5/16	ZY3000/09/19	ZY3600/07/14.5D	ZY2600/6.5/16	ZY3000/10/20	ZY3200/08/18D	ZY3200/08/18D	ZY6000/10/21D	ZY6000/09/19D	ZY5000/8.5/17D
	刮板输送机	SGZ730/400	SGZ730/400	SGZ630/264	SGZ730/264	SGZ730/320	SGZ630/180	SGZ730/400	SGZ730/264	SGZ730/264	SGZ—730/400	SGZ764/630	SGZ800/800
智能选型	滚筒采煤机	MG200/456—WD	MG200/456—WD	MG180/420—BWD	MG200/450—WD	MG2×150/700—WD	MG110/250—BW	MG2×160/710—AWD	MG2×160/710—AWD	MG2×160/710—AWD	MG2×160/710—AWD	MG2×160/730—AWD2	MG2×150/700—WD
	液压支架	ZY2600/08/17	ZY3600/10/20	ZY2600/6.5/16	ZY3000/09/19	ZY3600/07/14.5D	ZY2400/08/16	ZY3000/10/20	ZY3200/08/18D	ZY2600/08/17	ZY6000/10/21D	ZY6000/09/19D	ZY5000/8.5/17D
	刮板输送机	SGZ730/400	SGZ630/400	SGZ630/264	SGB764/264	SGD730/320	SGZ630/180	SGZ730/400	SGZ730/400	SGB764/264	SGZ630/400	SGZ800/630	SGZ800/800
智能选型修正	滚筒采煤机	MG200/456—WD	MG200/456—WD	MG180/420—BWD	MG200/456—AWD	MG2×150/700—WD	MG110/250—BW	MG2×160/710—AWD	MG2×160/710—AWD	MG2×160/710—AWD	MG2×160/710—AWD	MG2×160/730—AWD2	MG2×150/700—WD
	液压支架	ZY4000/09/20	ZY3600/10/20	ZY2600/6.5/16	ZY3000/09/19	ZY3600/07/14.5D	ZY2600/6.5/16	ZY3000/10/20	ZY3200/08/18D	ZY3200/08/18D	ZY6000/10/21D	ZY6000/09/19D	ZY5000/8.5/17D
	刮板输送机	SGZ730/400	SGZ730/400	SGZ630/264	SGZ730/264	SGZ730/320	SGZ630/180	SGZ730/400	SGZ730/264	SGZ730/264	SGZ—730/400	SGZ764/630	SGZ800/800

层坚固性系数大于 2 时，采煤机滚筒截深选择 0.63 m；煤层坚固性系数小于 2 时，利用实验室测试或数值模拟进行综合确定。

（2）在理论分析的基础上，补充采用数值模拟、现场实测等方法进一步确定液压支架所需工作阻力，提高液压支架选型的可信度。

3.3.2　设备选型与配套专家系统工程应用

陕西汇森煤业开发有限责任公司凉水井矿 43101 薄煤层综采工作面主采 4-3 煤层，煤层厚度 1.05～1.4 m，平均 1.14 m，煤层密度 1.29 t/m³，煤层倾角 0～1°，属较稳定煤层，工作面煤层埋深 103～190 m，平均 142 m，煤层不含夹矸，煤层坚固性系数为 3，煤层自燃倾向性等级为Ⅰ级，煤层具有爆炸危险性。工作面采用一次采全高综合机械化采煤法，设计工作面长度为 160 m，采高 1.1～1.4 m，平均 1.2 m，工作面设计生产能力 0.75 Mt/a，矿井工作制度为“四六制”。工作面顶板以细粒砂岩为主，顶板单轴抗压强度为 50～70 MPa，底板以粉砂岩为主，单轴抗压强度为 50～70 MPa，顶底板岩石密度 2.5 t/m³，据估算，基本顶初次来压步距 33.5 m，周期来压步距为 15 m。

（1）设备选型

根据薄煤层综采工作面设备选型与配套专家系统及修正策略，对 43101 薄煤层综采工作面进行设备选型与配套，智能化选型结果界面如图 3-11 所示，选型结果为：MG350/811—WD 型电牵引采煤机、ZY7000/09/18D 型液压支架、SGZ764/400 型刮板输送机，设备技术参数分别见表 3-2、表 3-3 和表 3-4。

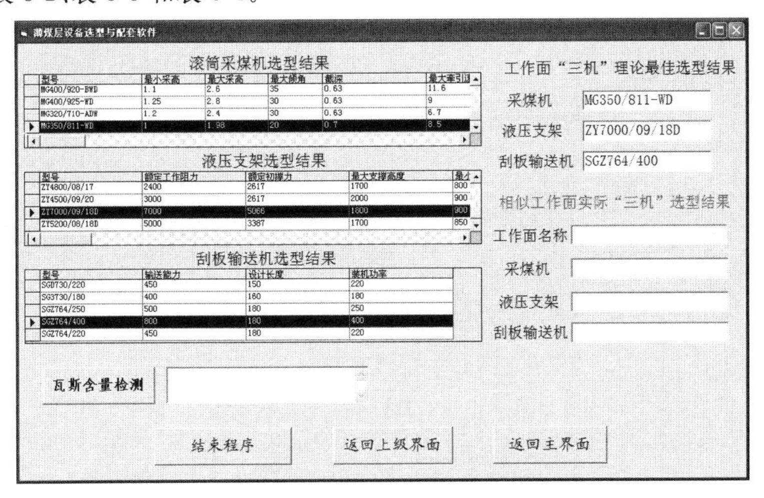

图 3-11　43101 薄煤层综采工作面设备选型结果

表 3-2　　MG350/811—WD 型采煤机参数表

项　目	参　数	项　目	参　数
总装机功率/kW	811	滚筒直径/m	1.0
截割功率/kW	700	牵引速度/(m/min)	0～8.5
采高/m	1.0～1.98	适应倾角/(°)	<20
机身高度/mm	770	机身质量/t	38
截深/m	0.63		

表 3-3　　ZY7000/09/18D 型液压支架参数表

项　目	参　数	项　目	参　数
操纵方式	电液控制	型式	两柱掩护式
宽度/mm	1 430～1 600	中心距/mm	1 500
初撑力/kN	5 066(p=31.5 MPa)	工作阻力/kN	7 000
支护强度/MPa	0.71～1.01	质量/t	16
供液压力/MPa	31.5	底板比压/MPa	1.38～1.96
运输尺寸/mm	5 340×1 430×900	高度/mm	900～1 800

表 3-4　　SGZ764/400 型刮板输送机参数表

项　目	参　数	项　目	参　数
输送量/(t/h)	800	设计长度/m	168
装机功率/kW	2×200	刮板链速/(m/s)	1.28
卸载方式	交叉侧卸式	供电电压/V	1 140
中部槽规格/mm	1 500×724×290	刮板间距/mm	920

(2) 设备配套

根据选型结果，对所选设备进行了系统配套，并绘制了最大、最小采高时工作面中部“三机”配套图，如图 3-12 所示。

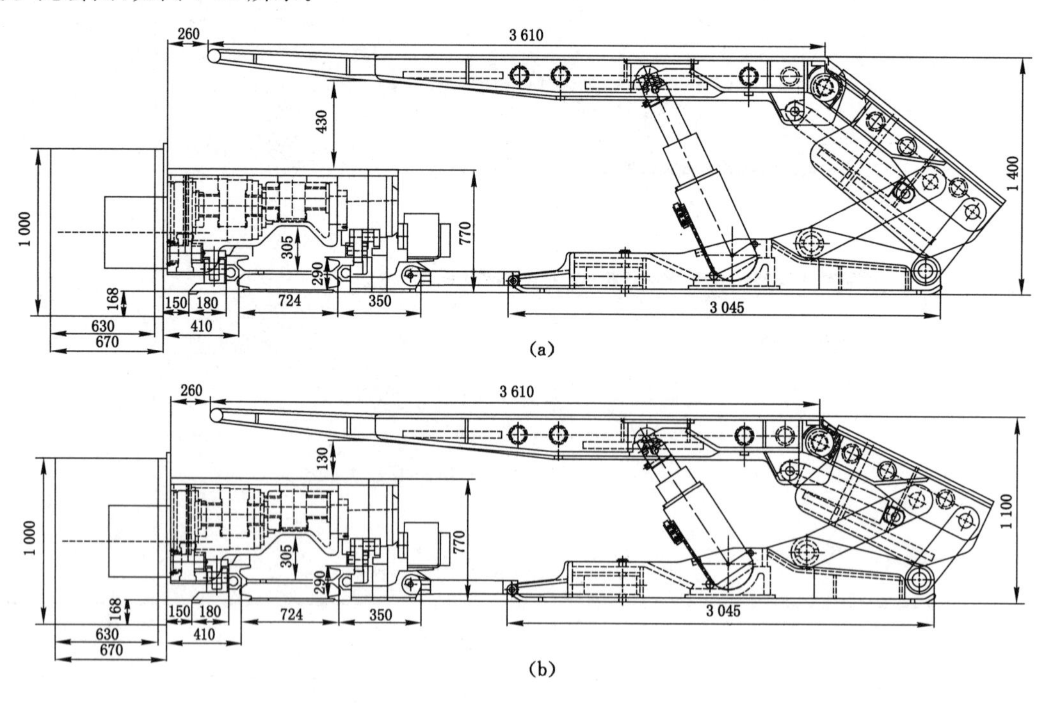

图 3-12　工作面设备配套图

(a) 最大采高(1.4 m)；(b) 最小采高(1.1 m)

(3) 设备投资

利用专家系统选择的工作面设备投资主要为滚筒采煤机、液压支架、刮板输送机的设备配套费用,43101 工作面设备总投资约为 3 781 万元,设备投资概算见表 3-5。

表 3-5　　43101 工作面设备投资概算表

项　目	型　号	数量	单价/万元	总价/万元	厂　商
采煤机	MG350/811—WD	1 个	420	420	鸡西煤矿机械有限公司
液压支架	ZY7000/09/18D	106 架	24	2 544	中煤北京煤矿机械有限责任公司
刮板输送机	SGZ764/400	1 台	300	300	三一重工股份有限公司
总计				3 264	

4 薄煤层长壁综采设计及工艺优化技术

为解决薄煤层长壁开采普遍存在的采区尺寸小、工作面参数选择不规范等问题，以薄煤层开采设计简化为原则，通过引入薄煤层开采设计新方法及工作面参数优化设计，探索适合薄煤层长壁开采的设计新理念，为薄煤层长壁综采工艺流程及工作面参数的选择提供良好的技术思路。

4.1 薄煤层开采设计新方法

4.1.1 薄煤层开采设计新方法工作原理

薄煤层开采设计新方法是指在原有矿井设计的基础上，按照“回采→准备→开拓”的顺序以“工作面生产为中心”进行反程序的设计方法，遵循的设计原则为：

(1) 依据工作面最大产能设计工作面尺寸，加大工作面的长度和可推进长度，减少采区内回采巷道数目。

(2) 通过对现有采区的合并、放大新采区的尺寸等方法，减少采区、准备巷道的数目，优化开拓设计和开采技术，实施的技术流程如图 4-1 所示。

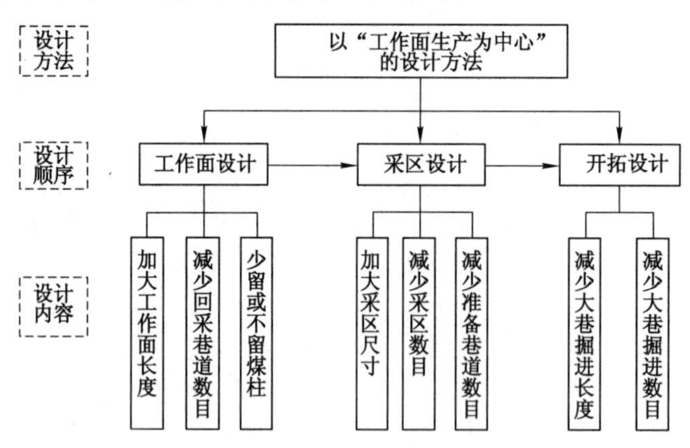

图 4-1 以“工作面生产为中心”的薄煤层开采设计方法流程图

对于薄煤层综采工作面，单产、单进水平低，以工作面生产为中心，在开拓设计上应遵循下列规则：

(1) 贯彻执行国家有关煤炭工业的技术政策，在保证安全生产的前提条件下尽量减少开拓和掘进工程量，节约生产成本，加快矿井建设；

(2) 合理布置工作面以及采区尺寸，合理开发资源，减少煤炭损失；

(3) 适应我国当前薄煤层开采的技术水平和设备供应情况，并为“薄煤层、薄装备、薄技术”的新采煤理念的发展与应用创造条件。

4.1.2 薄煤层开采设计新方法工程应用

以中煤集团甘庄煤矿8号煤层东翼南部薄煤层采区为例，采区原设计方案中走向长度1 270 m，倾向长度1 021 m，原设计布置7个工作面，工作面长平均133 m，区段煤柱平均20 m，单面可采量28.1万t。

利用以“工作面生产为中心”的反程序设计方法对原有工作面进行优化开采，将工作面面长由133 m优化为240 m，净增107 m，8102工作面优化前后平面图如图4-2所示。取得的技术经济效果体现在以下几个方面：

(1) 工作面数量由7个优化到4个，净减少3个工作面。

(2) 回采巷道条数减少6条，巷道长度由17 780 m优化到10 160 m，万吨掘进率由128.84 m/万t降低到73.62 m/万t，净减巷道7 620 m，少掘巷道近42.8%。

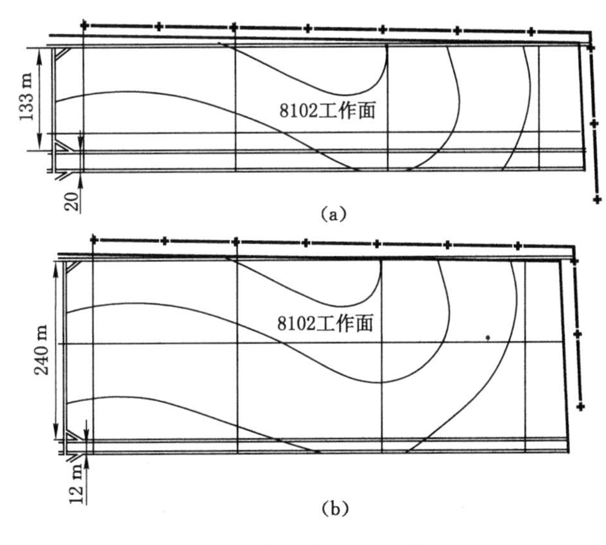

图4-2 甘庄矿8102工作面

(a) 优化前；(b) 优化后

将以“工作面生产为中心”的开拓设计方法应用于薄煤层开采中，能实现以下几点：

(1) 能够减少回采巷道和准备巷道的个数，减少掘进工程量，降低万吨掘进率。

(2) 减少保护煤柱的留设，提高煤炭资源采出率。

(3) 降低矿井生产成本，提高经济效益。

4.2 薄煤层长壁综采工作面工艺优化

4.2.1 工作面开采工艺流程优化设计

综采工作面产量和效率主要受割煤时间影响，割煤包括进刀与割煤两道工序，进刀过程是实现工作面自动割煤最复杂的环节，薄煤层条件下，进刀不仅影响工作面产量效率，而且由于常规的端部斜切进刀等方式采煤机需要往返多次，同时需要调整采煤机工作状态、移架等，工序复杂，给实现工作面自动化、智能化开采带来困难。为了解决薄煤层进刀过程存在的问题，提出预开切口直接推入法割煤，通过对该进刀工艺过程进行优化为工作面自动化及智能化开采创造条件。为此，本书薄煤层开采工艺流程优化的对象主要针对采煤机进刀方式。

充分利用薄煤层工作面开采对围岩扰动小、利于巷道和预开切口控顶、切口工作量小等优势，提前在工作面端部开切口，切口长度 H 为采煤机机身长度，切口宽度 D 为采煤机一天的推进长度，如图 4-3 所示。采煤机通过预开切口直接割煤，减少了端部斜切进刀工序。

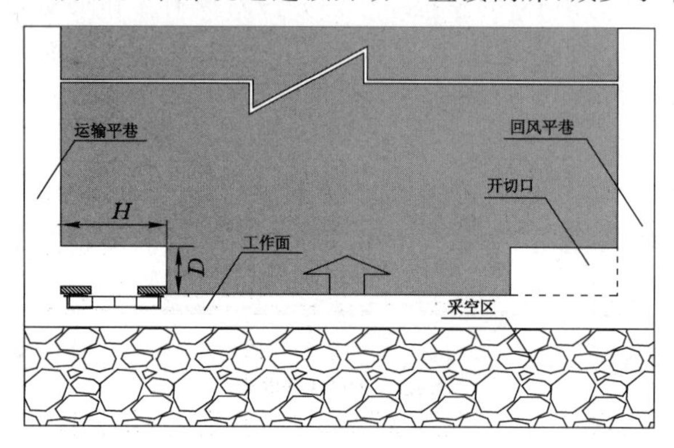

图 4-3　预开切口示意图

以郭二庄煤矿 22204 薄煤层综采工作面为工程背景，结合郭二庄煤矿 22204 薄煤层综采工作面采煤机预开切口直接推入法割煤(图 4-4)技术的应用现状，实测统计了端部斜切进刀及预开切口直接推入法进刀作业方式下采煤机割煤速度、采煤机进刀段长度及进刀时间、端头等待时间、采煤机开机率等。

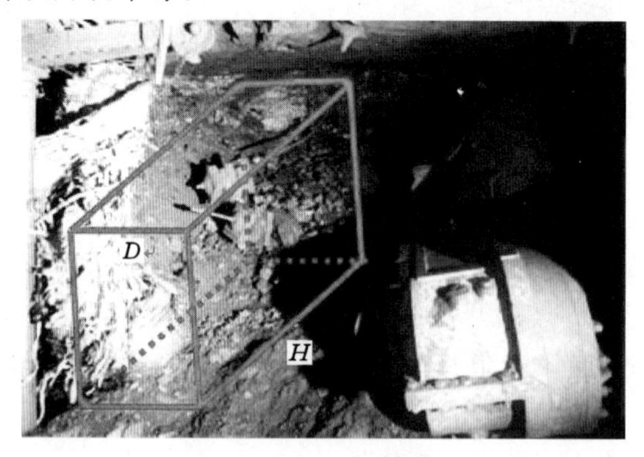

图 4-4　预开切口直接推入法割煤现场布置图

(1) 采煤机割煤速度

通过对不同作业方式条件下采煤机割煤速度进行实测分析，工作面开采初期采用端部斜切进刀双向割煤，平均割煤速度为 2.74 m/min，工作面推进过程中采用采煤机预开切口直接推入法割煤进刀作业方式，平均割煤速度为 2.98 m/min，如图 4-5 所示。

(2) 采煤机进刀段长度及进刀时间

在所观测的进刀过程中，工作面开采初期采用端部斜切进刀双向割煤的进刀方式期间，平均进刀长度为 23 m，平均进刀时间为 17 min。采煤机进刀方式优化之后采用预开切口直

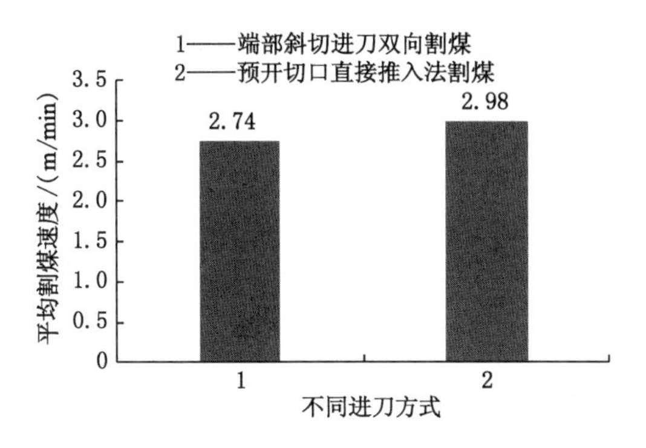

图 4-5　采煤机平均割煤速度

接推入法割煤,工作面进刀长度为 0,故进刀时间为 0,能够实现直接进刀割煤。具体采煤机进刀段长度及进刀时间的统计结果如图 4-6 所示。

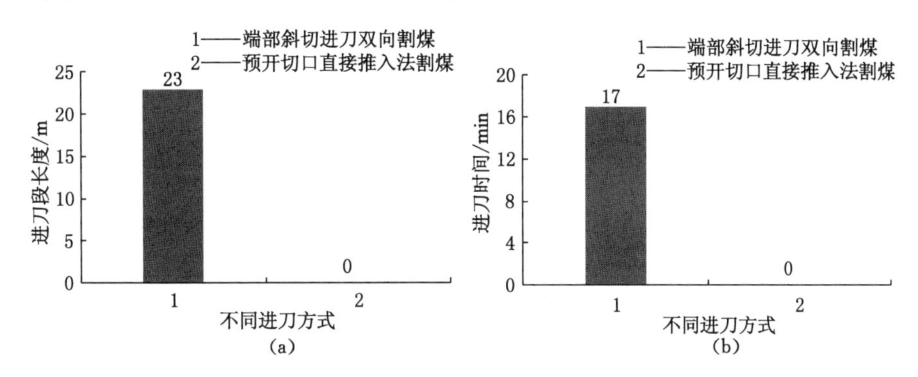

图 4-6　采煤机进刀参数统计结果图

(a) 采煤机进刀段长度;(b) 采煤机进刀时间

(3) 端头等待时间

实测不同时期采用不同进刀方式采煤机端头等待时间,如图 4-7 所示。在工作面开采初期,采用端部斜切进刀双向割煤时工作面端头平均等待时间为 26 min,采煤机进刀方式优化之后采用预开切口直接推入法割煤端头等待时间仅需 21 min。

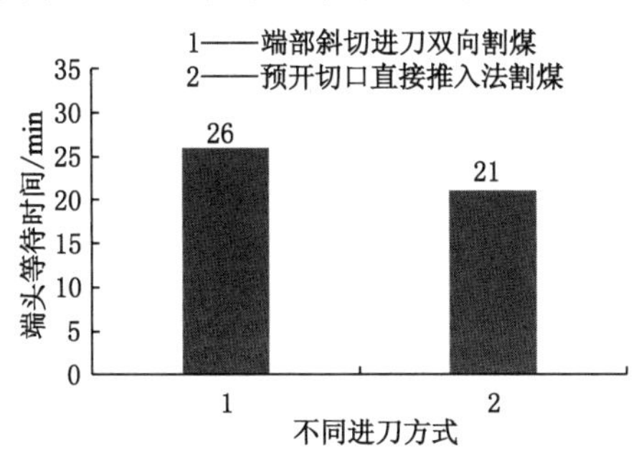

图 4-7　采煤机端头等待时间

(4) 采煤机开机率

现场实测不同时期不同进刀方式下采煤机循环时间,得到采煤机割一刀煤的时间分布,如图 4-8 所示。工作面开采初期采用端部斜切进刀双向割煤时，割一刀煤平均用时为 120 min，采煤机运行时间为 75 min；采用预开切口直接推入法割煤，割一刀煤平均用时为 88 min，采煤机运行时间为 47 min。预开切口直接推入法割煤较端部斜切进刀循环用时降低 26.67%。

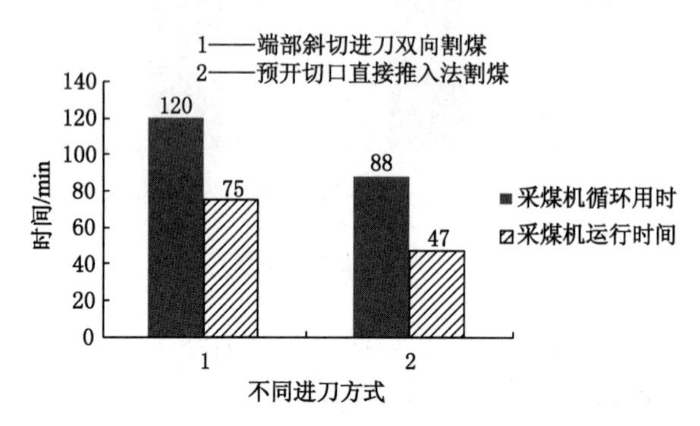

图 4-8 采煤机循环用时及采煤机运行时间

由图 4-8 计算可得，工作面开采初期采用端部斜切进刀双向割煤时，采煤机开机率平均为 63%，采用预开切口直接推入法割煤时，采煤机开机率平均为 53%。

由以上分析可以得出不同时期采用不同进刀方式下，采煤机割一刀煤的循环参数，见表 4-1。

表 4-1　　采煤机割一刀煤循环参数

参　数	端部斜切进刀双向割煤(初期)	预开切口直接推入法割煤
割煤速度/(m/min)	2.74	2.98
进刀段长度/m	23	0
进刀时间/min	17	0
端头等待时间/min	26	21
循环用时/min	120	88
运行时间/min	75	47
开机率/%	63	53

(5) 工作面日产量

郭二庄矿 22204 薄煤层综采工作面循环作业方式为“三八”制，即两班生产，一班检修，工作面开采初期采用端头斜切进刀双向割煤时，每个生产班实现 4 个循环进尺，每日共 8 个循环，循环进尺 0.63 m，22204 综采工作面平均日产量为 1 908 t；采用预开切口直接推入法割煤后，每个生产班实现 5 个循环进尺，每日共 10 个循环，工作面日产量为 2 386 t，相对端部斜切进刀双向割煤条件下，工作面平均日产量提高 25%。

4.2.2 工作面系统与开采参数优化

薄煤层工作面系统与开采参数优化主要涉及工作面采高、工作面长度和可推进长度，各优化参数及其影响因素如图 4-9 所示，合理的工作面参数对于提高薄煤层工作面产量、降低劳动强度等具有重要意义。

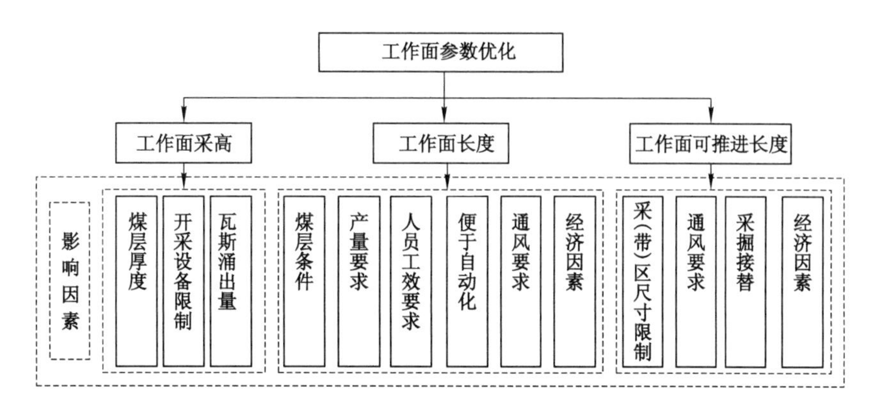

图 4-9 工作面参数优化影响因素

以神木汇森凉水井矿业有限责任公司 431 盘区首采工作面为例,对薄煤层工作面系统与开采参数优化进行系统阐述。

(1) 盘区概况

431 盘区东西长约 2.8 km,南北长约 5.73 km,如图 4-10 所示,盘区面积约 16.06 km^2,可采储量 1 174 万 t,工作面设计生产能力为 75 万 t/a。

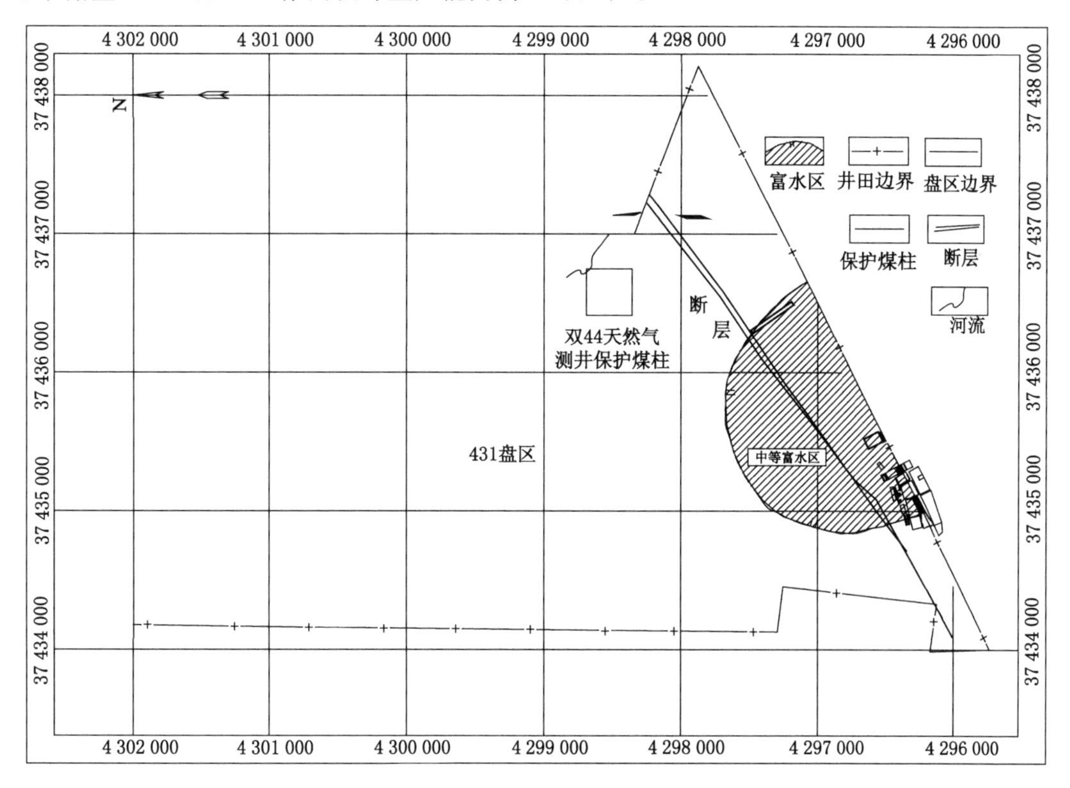

图 4-10 431 盘区概况图

431 盘区内东部有一天然气测井保护煤柱,南部存在大面积区域的中等富水区,矿井在一号回风斜井掘进到 170 m 处发现了一条正断层,断层走向北东—南西向,倾向北西,倾角

70°～80°,断层面宽度 2.5～3 m,断面破碎,裂隙发育,预计断距小于 10 m。盘区内虽无大的断裂,但随着矿井掘进和回采的进行,不排除小断层存在的可能,在开采过程中应予以重视。

(2) 煤层赋存特征

根据统计得到的钻孔数据,利用工程绘图软件(Suffer)绘制了 431 盘区煤层等厚线,如图 4-11 所示。

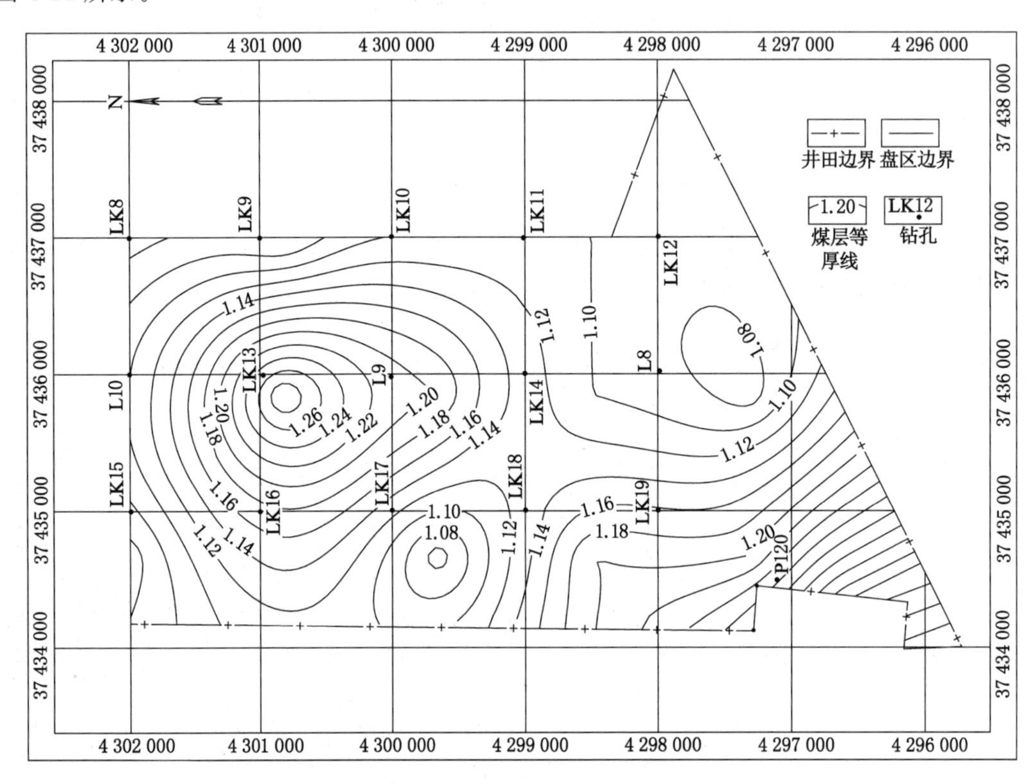

图 4-11　431 盘区 4-3 煤层等厚线图

431 盘区内可采见煤点 16 个,煤层厚度 1.05～1.4 m,平均 1.14 m,厚度变化较大,煤层倾角为 0～1°,大部分可采,层位稳定,结构简单,属较稳定煤层。431 盘区 4-3 煤层一般不含夹矸,仅 4 个钻孔各有一层粉砂岩夹矸,夹矸厚度 0.01～0.25 m。煤层埋深 103～190 m,平均 142 m,西北部较深,东南部较浅。4-3、4-4 煤层间距 13.27～15.45 m,平均 14.47 m。

盘区内煤层黏结指数低,煤层内生裂隙不甚发育,外生裂隙常被方解石脉及黄铁矿薄膜充填。煤层密度为 1.29 t/m^3,坚固性系数为 3。

(3) 顶底板条件

431 盘区内煤层顶板以细粒砂岩为主,粉砂岩和中砂岩次之,在 LK13、LK5、LK7、LK12 钻孔范围内分布粉砂岩,零星分布中粒砂岩。细粒砂岩成分以石英、长石为主,泥质胶结;中粒砂岩以石英、长石为主;粉砂岩含炭屑,水平纹理,可见菱铁质结核。顶板单轴抗压强度为 50～70 MPa,岩性较稳定。底板岩性以粉砂岩为主,局部为细粒砂岩或泥岩,厚度 0.66～14.25 m,东部偶见泥岩底板。底板单轴抗压强度为 50～70 MPa,较为坚硬。盘区煤层顶、底板起伏程度不大。

(4) 盘区水文地质特征

根据井田水文地质条件及煤层赋存特征，矿井充水主要为地表水、大气降水、地下水和采空区积水。431 盘区开采时遇到的主要水文地质问题为上覆的 4-2 煤层开采形成的采空区积水问题。

4.2.2.1 工作面采高

(1) 理论分析

① 煤厚因素影响

431 盘区煤层厚度为 1.05～1.4 m，平均厚度 1.14 m，煤层顶底板均为较硬的细粒砂岩。薄煤层开采因为采高过低造成工作面空间狭窄、工作环境差和工作面工人劳动强度大等问题，工作面整体效率不高。为了最大限度地开采薄煤层，提高煤炭采出率，应保证工作面最低采高能够实现最低煤厚的截割，因此最低采高宜大于 1.05 m。

② 开采设备限制

a. 支架伸缩比限制。针对 431 盘区煤厚条件，当采高小于 1.0 m 时，液压支架最小支撑高度要小于 0.8 m，最大采高为 1.4 m 时，液压支架支撑高度要大于 1.6 m，液压支架的伸缩比较大，从液压支架选型角度考虑，满足该伸缩比特征的液压支架选型设计困难。

b. 大功率采煤机机身限制。4-3 煤层煤质较硬，采煤机选型时要选择大截割功率的采煤机，大功率采煤机机身高度往往较大，国内 450 kW 以上的采煤机采高都在 1 m 以上。从液压支架及采煤机选型及设计角度考虑，确定工作面最小采高为 1.1 m；为保证最大采高能够实现最大煤厚截割的需要，并降低工作面割岩量，工作面最大采高为 1.4 m。

(2) 工程类比

对国内类似条件薄煤层工作面采高进行调研，基本情况如下：

① 山东良庄矿业有限公司良庄煤矿 6604 外工作面，工作面煤层厚度 0.84～1.05 m，平均厚度 0.95 m，煤层平均倾角 10°，煤层结构简单，煤质较硬，直接顶为灰黑色粉砂岩。工作面采用 MG150/345—W 型采煤机，最低采高 1.0 m，工作面月产 3 万 t 以上。

② 山东能源淄矿集团岱庄煤矿 3303 工作面煤层厚度 0.9～2.0 m，平均 1.3 m，平均倾角 4°，煤层直接顶为 4.97 m 厚的粉砂岩，基本顶为 3.0 m 厚的泥岩，直接底为 3.44 m 厚的泥岩，老底为 12.88 m 厚的中粒砂。工作面采用 MG2×100/456—WD 型采煤机，平均采高 1.3 m，工作面平均月产 6.3 万 t。

③ 淮南矿业集团潘二煤矿 12125 工作面煤层平均厚度 1.1 m，工作面断层较多，地质条件较复杂，煤层平均倾角 7°，煤层直接顶为 0.9 m 厚的泥岩，基本顶为 3.74 m 厚的中细砂岩，直接底为 2.28 m 厚的泥岩，老底为 6.0 m 厚的细砂岩。工作面采用 MG2×160/710—WD 型采煤机，最小采高 1.15 m，工作面平均月产量 4.7 万 t。

通过以上类比分析可以看出，岱庄煤矿 3303 工作面产量可达到 75 万 t/a，工作面的采高为 1.3 m。良庄煤矿 6604 外工作面和潘二煤矿 12125 工作面煤层平均厚度和 431 盘区煤层厚度基本相当，调研工作面的最小采高均比煤层平均厚度大，适当增加设计采高更有利于工作面的劳动组织和设备选型。

综合理论分析及调研分析的结果，431 盘区薄煤层工作面设计最小采高为 1.1 m，最大采高为 1.4 m，平均采高为 1.2 m。

4.2.2.2 工作面长度

合理的工作面长度是实现矿井高产高效的重要条件，薄煤层工作面长度的选择受到煤层厚度、地质构造、围岩性质、瓦斯含量、工人工资、工作面日产量、工作面吨煤成本、万吨掘进率和回采工效等诸多因素影响，是一个多因素的综合优化问题，本书主要通过理论分析及工程类比的方法进行综合确定。

(1) 工程类比

现场及文献调研国内类似薄煤层工作面，进行煤厚及工作面长度的统计，得到薄煤层工作面长度分布规律，如图 4-12 所示。国内现有薄煤层工作面长度主要分布在 125～150 m，最大达到 230 m(赵官煤矿 2701 工作面开采 7 煤层，倾角 3°～10°，平均煤厚 1.2 m，面长 230 m)。针对 431 盘区煤层厚度变化特征，国内现有薄煤层工作面长度变化范围为 100～200 m，借鉴调研矿井工作面长度分布特征，可初步确定凉水井矿薄煤层工作面长度在 100～200 m 之间。

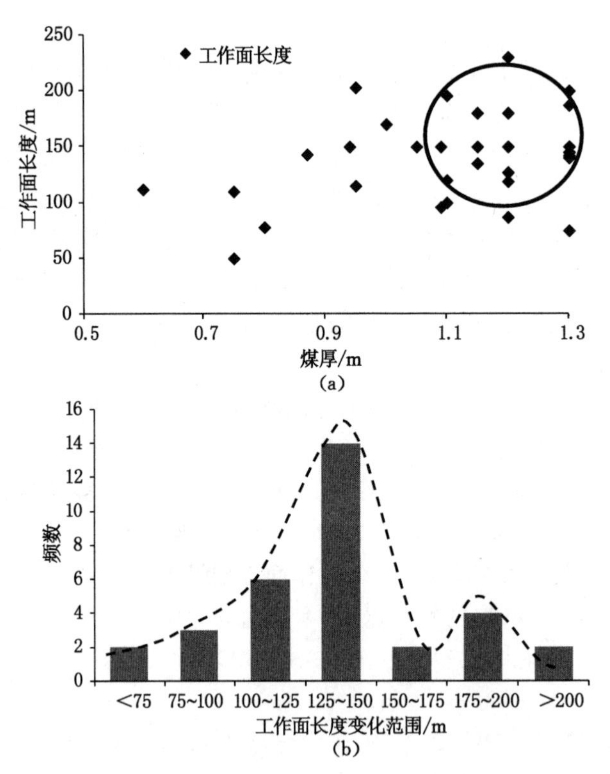

图 4-12 薄煤层工作面长度调研情况

(a) 工作面长度分布；(b) 工作面长度变化分布

(2) 考虑利于自动化开采技术的应用

凉水井矿 431 盘区首采工作面拟采用全自动化开采模式：采煤机控制方式采用记忆割煤加有线远程干预，液压支架控制方式采用电液控制。工作面长度增加后，加大了工作面起伏程度、煤厚及其他因素的不确定性，加剧了采煤机记忆截割及工作面自动化控制难度。根据国内滚筒采煤机全自动化开采实践，调研了国内滚筒采煤机自动化开采工作面长度特征，见表 4-2。

表 4-2 国内滚筒采煤机全自动化开采工作面长度

工作面	榆家梁矿 44305 工作面	唐山沟矿 8812 工作面	黄陵一号矿 1001 工作面	薛村矿 94702 工作面	沙曲矿 22201 工作面
工作面长度/m	300.5	99.6	235	150	150

鉴于 431 盘区首采工作面为凉水井矿首次实施全自动化开采工作面，工作面长度控制在 100～200 m 范围内对于实现工作面的自动化开采是可行的。建议首采工作面长度可适当短一些(初定 150 m 左右)，随着自动化开采经验的积累及先进技术的引进，后期可适当增加工作面长度，实现工作面自动化控制与高产高效的协调。

(3) 根据地质条件确定工作面长度

① 煤层厚度

薄煤层工作面空间狭窄，工作面过长加剧了运料、行人、施工等的难度，制约了工作面开采的高产高效，因此在设计时，工作面不宜太长。同时，如果工作面长度过短，万吨半煤岩巷掘进率高，工作面接替紧张，经济效益不佳。

② 煤层倾角

煤层倾角对薄煤层开采影响较大。薄煤层开采空间狭小，人员在进入工作面时需爬行，较小的角度也会对工人的体力消耗很大，给生产施工带来不便，从而导致工作效率低。当煤层倾角较大时，不仅增加工人的劳动强度，而且设备的稳定性也受到考验。431 盘区煤层平均倾角为 1°，倾角很小，对工作面布置基本没有影响。

③ 顶底板条件

根据顶底板的岩性特征，当顶板松软破碎时，顶板难以支护，易发生冒顶事故；当顶板坚硬时，工作面悬顶面积大，工作面顶板来压强度大，工作面长度较大条件下会增加支架稳定性控制难度。431 盘区煤层顶板为细粒砂岩，属坚硬岩石，工作面长度不宜过大。

④ 工作面涌水量

工作面长度越长，推进速度相对越慢，对于上覆采空区积水的防控越不利。薄煤层工作面空间狭窄，人员需要爬行，设备操作等空间有限，工作面积水会进一步破坏薄煤层的工作环境。受上部 4-2 煤层采空区积水的影响，431 盘区工作面开采时可能导通上部采空区积水。因此，工作面长度不宜太大，通过适当加快工作面推进速度，可降低上覆采空区积水对 431 盘区工作面回采的影响程度。

根据以上地质因素和实践经验，当工作面平均采高小于 1.3 m，地质条件简单的情况下，缓斜薄煤层综采工作面长度应以 120～180 m 为宜。

(4) 根据经济因素确定工作面长度

薄煤层综采工作面的经济因素包含工作面日产量、日进刀数和工作面的效率等，根据不同的煤层厚度，采用最优化方法，可以得出单产效率最高、效益最好的合理工作面长度。

① 综采工作面日产量与工作面长度关系

综采工作面日产量与工作面长度关系可表示为：

$$Q = MCLNB\rho \tag{4-1}$$

当采煤机采用双向割煤时，日进刀数(N)与工作面长度(L)关系为：

$$N = \frac{60 \times 24K}{(L - I)\frac{1}{v_q} + t} \tag{4-2}$$

式中 Q——工作面日产量,t/d;

M——煤层采高,m;

C——工作面回采率;

L——工作面长度,m;

N——日进刀数,刀;

B——采煤机截深,m;

ρ——煤的密度,取 1.29 t/m^3;

K——采煤机平均开机率,取 55%;

I——端部斜切进刀距离,m;

v_q——采煤机牵引速度,m/min;

t——采煤机端部斜切进刀时间,min。

工作面的产量主要取决于工作面的长度、煤层的厚度、采煤机的开机率、采煤机平均运行速度和工作面的回采率。

采煤机割煤方式主要分为单向割煤和双向割煤。采煤机的使用时间包括采煤机跑空刀时间、采煤机在工作面端头往返操作和进刀时间、采煤机纯割煤时间,一般情况下,采煤机跑空刀时间和工作面返向操作与进刀时间都比较短。经大量薄煤层调研及实测分析,薄煤层工作面端部斜切进刀距离为 25～30 m,时间约为 15 min,采煤机日开机率为 50%～60%。

按照实际工作面设计、采煤机参数、工作面的参数总结得到:$K=55\%$,$I=25$ m,$v_q=4$ m/min,$t=15$ min,$B=0.63$ m,$\rho=1.29$ t/m^3,$M=1.2$ m,$C=0.98$,带入数据得到:

$$Q = \frac{720.9}{0.25L + 8.75}L \tag{4-3}$$

由以上分析绘制工作面产量 Q 随工作面长度 L 变化关系曲线,如图 4-13 所示。

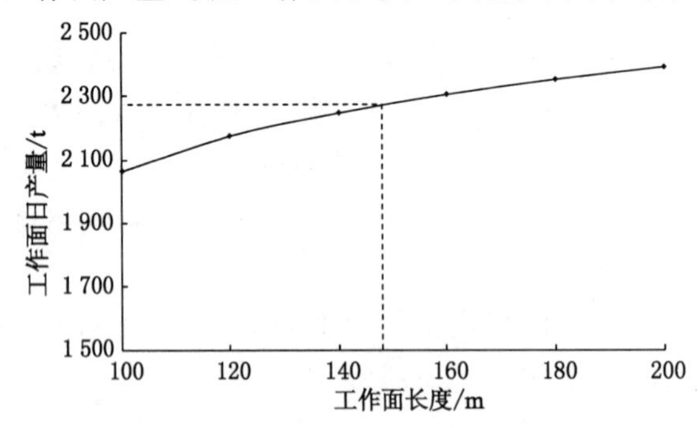

图 4-13　工作面日产量与工作面长度关系曲线图

为了保证工作面年产量不低于 75 万 t,则工作面日产量应超过 2 273 t。由图 4-13 可以看出,工作面长度在 100～200 m 范围内,工作面产量随着工作面长度的增加逐渐增加,与工作面长度呈正相关关系,但当 L 增大到一定值时,Q 曲线趋于平缓。在合理的工作面长度条件下,增大工作面长度并不会明显提高工作面的出煤量。为满足工作面日产量的要求,工作面长度应不小于 148 m。当工作面长度大于 190 m 时,随着工作面长度的增加产量基本保持不变，但工作面过长会造成推进速度减慢，顶板暴露时间长，顶板难以管理，因此工作面长度不宜过长。综合以上分析，从提高工作面单产角度考虑，工作面长度应选择在148～190 m范围内。

② 工作面效率与工作面长度关系

工作面效率是评价工作面长度是否合理的关键指标之一，工作面效率越高，其经济效益就越好。工作面中工人数目可分为随工作面长度变化而变化的人数 b_1 和与工作面长度变化无关的固定人数 b_2 两部分，故工作面的出勤总人数 R 为：$R=b_1L+b_2$。薄煤层工作面工作人员需要爬行，劳动强度大，因此单位长度的人员数较中厚煤层工作面大。

则工作面工效 D 的计算公式为：

$$D=\frac{Q}{(b_1L+b_2)} \tag{4-4}$$

式中　D——回采工作面效率，t/工；

b_1——与工作面长度变化有关的人数，包括采煤机监护工、巡视工、“三机”检修工等，取0.08人/m；

b_2——与工作面长度变化无关的人数，除去与工作面长度变化有关以外的人数，参照首采工作面人员劳动组织表，取56人。

带入数据可得薄煤层工作面工效 D 为：

$$D=\frac{720.9}{(0.08L+56)(0.25L+8.75)}L \tag{4-5}$$

工作面工效 D 与工作面长度 L 的关系如图4-14所示。

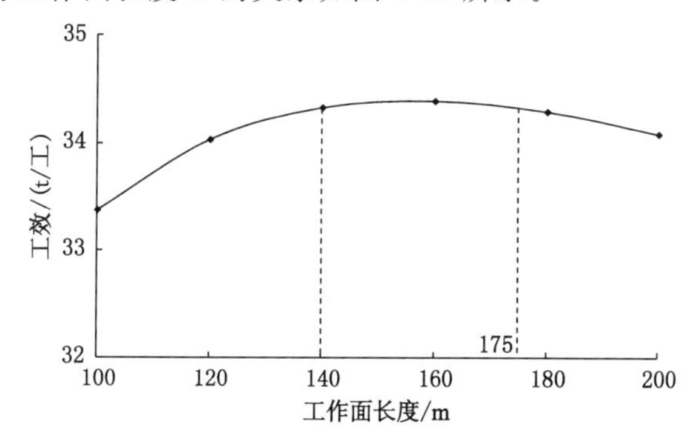

图4-14　工作面工效与工作面长度的关系曲线图

由图4-14可得，随着工作面长度的增加，工作面工效呈现先增后减的变化趋势，在工作面长度由140～175 m变化过程中，工作面工效能够维持在较高的水平，建议工作面长度在此区间内变化。

根据以上调研及理论分析的结果，从提高工作面工效考虑，431盘区首采工作面长度宜选在140～175 m范围内。

(5) 数值模拟

为了进一步验证工作面长度的合理性，利用数值模拟对431盘区首采工作面进行模拟，分别取工作面长度为140 m、150 m、160 m、170 m、180 m，加上两侧巷道宽度(各5 m)，实际开挖长度对应为150 m、160 m、170 m、180 m、190 m，如图4-15所示，模拟结果如图4-16所示。

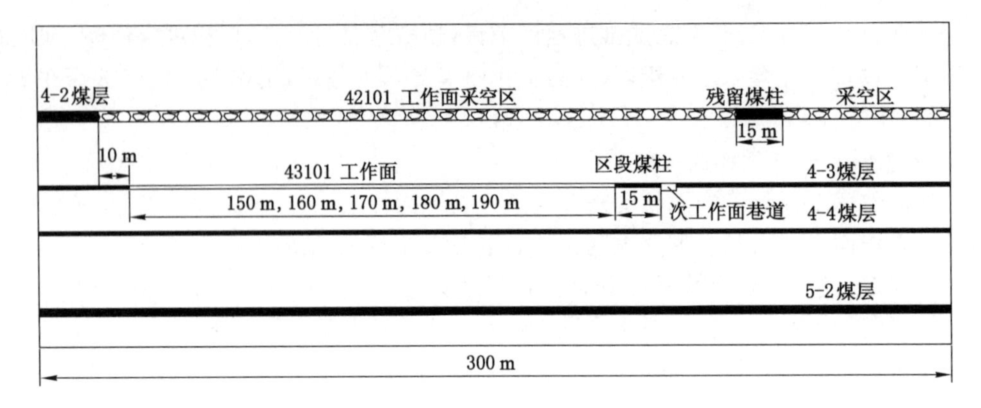

图 4-15　模拟方案示意图

由图 4-16 可以看出，工作面长度为 140 m、150 m 与 160 m 时，首采工作面辅助运输巷围岩变形较小，稳定性较好，有利于巷道的维护。工作面长度为 170 m 与 180 m 时，首采工作面辅助运输巷位于 4-2 煤层残留煤柱应力集中影响范围之内，巷道顶板稳定性较低，不易支护。

431 盘区首采工作面长度确定为 160 m，区段煤柱宽度为 15 m，工作面辅助运输巷与胶带运输巷均位于上覆残留煤柱应力集中影响范围之外，验证了首采工作面长度的合理性。

(6) 工作面通风校核

工作面通风能力是限制工作面长度的重要因素，工作面实际风速应小于工作面允许的最大风速。由工作面长度反算得到的工作面风速为：

$$v_f = \frac{q_b n b \rho C L}{60 S_0 K_f} \tag{4-6}$$

式中　v_f——工作面风速，m/s；

K_f——风流收缩系数，可取 0.95；

q_b——昼夜产煤 1 t 所需风量，m^3/min，为工作面总风量与工作面日产量之比，为 $520/2\ 273 = 0.228\ m^3/min$；

n——日循环进刀数，取 15；

b——每循环的进尺，取 0.63 m；

C——工作面回采率，取 98%；

ρ——煤的密度，取 $1.29\ t/m^3$；

S_0——工作面有效通风面积，$3.19\ m^2$。

$$v_f = \frac{0.228 \times 15 \times 0.63 \times 1.29 \times 0.98 \times 160}{60 \times 3.19 \times 0.95} = 2.4\ (m/s)$$

当采用留煤柱双巷布置时工作面风速 v_f 为 2.4 m/s，《煤矿安全规程》规定的工作面风速应小于 4 m/s，大于 0.25 m/s。因此，所选工作面长度符合通风要求。

综合考虑 431 盘区煤层地质条件、薄煤层工作面设备稳定性、通风要求及经济指标，根据开拓布置及设计生产能力，参照盘区划分情况，并结合我国薄煤层综采工作面实际长度的经验统计数据，基于凉水井煤矿为初次采用薄煤层综采工艺，尚需要一个摸索实践的过程，因此 431 盘区首采工作面长度拟定为 160 m。中后期生产过程中可以根据实际揭露的煤层赋存情况以及综采工艺使用情况进行调整。

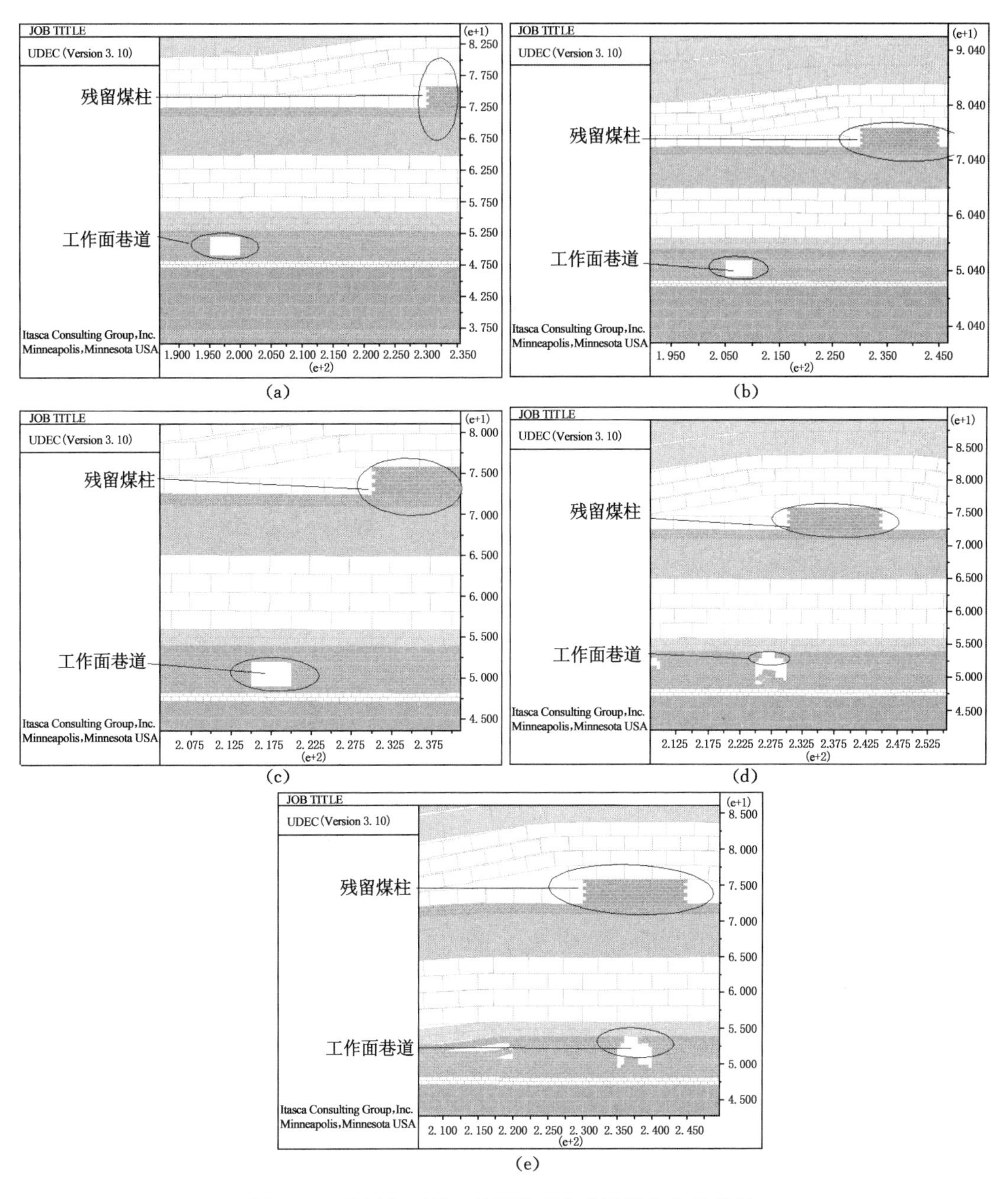

图 4-16 沿倾向不同工作面长度巷道围岩稳定示意图

(a) 工作面长 140 m;(b) 工作面长 150 m;(c) 工作面长 160 m;
(d) 工作面长 170 m;(e) 工作面长 180 m

4.2.2.3 工作面可推进长度

工作面推进长度对开采的经济效益、工效、掘进工程量等都有显著的影响。当工作面推进长度过短时,工作面搬家频繁,搬家费用较高,工作面接替紧张;当工作面推进长度过长时,巷道掘进量大,运输维护费用高,同时对设备要求高。因此,有必要对工作面推进长度进行优化。

（1）盘区尺寸限制

盘区尺寸如图 4-17 所示，盘区南北长度约 4 km，东西长约 2.8 km。大巷布置在盘区西部井田边界处，大巷保护煤柱为 260 m，盘区边界煤柱为 20 m，断层保护煤柱为 300 m，确定首采工作面连续推进距离为 1 709 m，盘区东西长度由南向北逐渐增大，之后保持不变。431 盘区后续工作面连续推进长度可达 2 297 m。

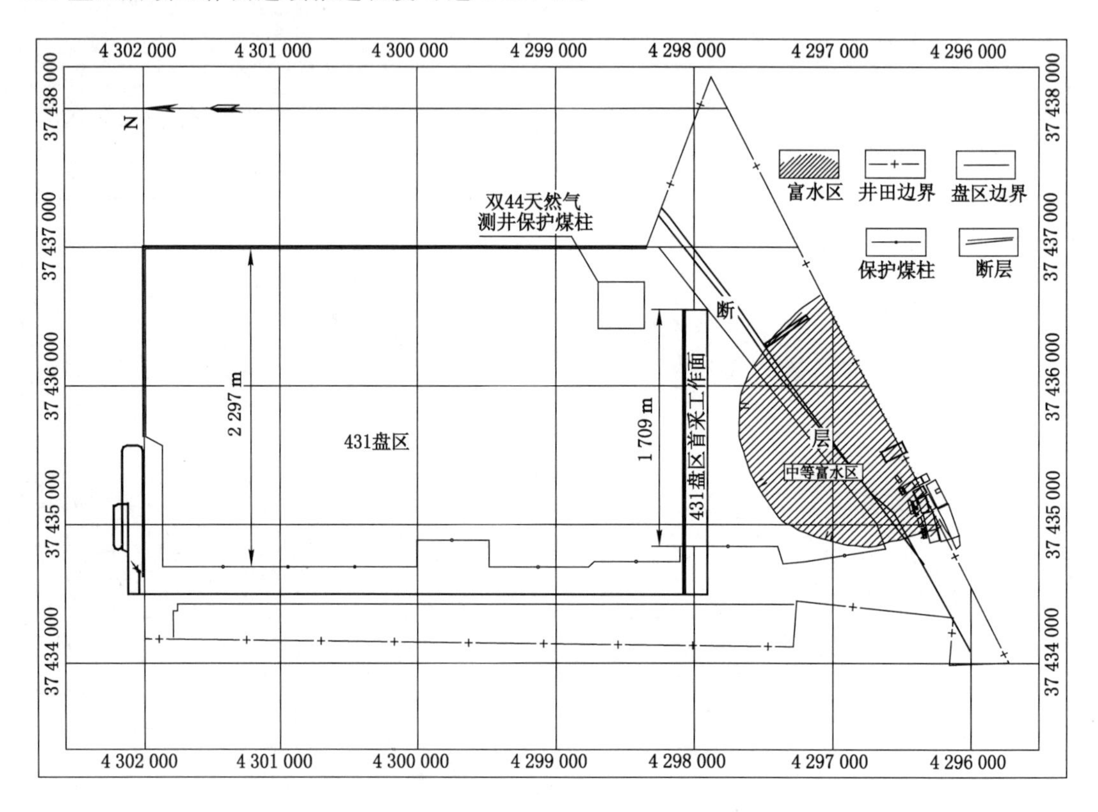

图 4-17　盘区尺寸图

（2）盘区地质地貌限制

431 盘区地质条件良好，南部有一条断层边界，并不影响开采。盘区东南部有一天然气测井保护煤柱，范围为 300 m×300 m，保护煤柱范围内不能开采。同时，盘区南部断层附近有一大的富水区域，不宜开采，如图 4-17 所示。因此，在考虑工作面布置及推进距离时，应充分考虑这些因素。

（3）采掘接替限制

根据工作面接替要求，新工作面最晚在生产接替的一个月前完成有关巷道掘进和设备安装工作。以盘区边界为限，首采工作面可推进长度为 1 709 m，可推进时间为 6 个月。接替面回采巷道长度为 2 330 m，凉水井矿 431 盘区 4-3 煤层半煤岩巷掘进速度约为 550 m/月，首采工作面回采与相邻接替工作面的准备工作同时进行，能够在首采面回采完毕之后完成接替面的准备工作，满足盘区工作面的采掘接替要求。以此类推，后期的盘区工作面可推进长度均能够适应工作面的采掘接替要求，以盘区走向尺寸作为工作面的可推进长度是合理的。

（4）经济因素

针对431盘区的巷道布置方式，与工作面可推进长度相关的费用主要有：盘区运输和回风大巷的掘进费、工作面开切眼掘进费、工作面设备安装及搬迁费、回采巷道维护费及运输费等。各项费用在工作面吨煤成本中的分摊计算公式如下：

盘区大巷吨煤掘进费用 C_1：

$$C_1 = \frac{2C_{te}(L+B)}{SLP} \tag{4-7}$$

式中 C_{te}——盘区大巷掘进费用单价，14 230 元/m；

L——工作面长度，m；

B——区段煤柱和回采巷道的总宽度，25 m；

S——工作面可推进长度，m；

P——工作面单位面积采出煤量，$P=m\rho K=1.2\times1.29\times0.98=1.52\ t/m^2$。

开切眼吨煤掘进费 C_2：

$$C_2 = \frac{C_{ted}L}{SLP} \tag{4-8}$$

式中 C_{ted}——开切眼掘进费单价，600 元/m。

工作面安装、搬家吨煤费用 C_3：

$$C_3 = \frac{C_{fi}}{SLP} \tag{4-9}$$

式中 C_{fi}——安装、搬家总费用，450 000 元。

回采巷道吨煤掘进及维护费 C_4：

$$C_4 = \frac{\frac{1}{2}(2S\frac{2S}{v_e}C_{rue} + 2S\frac{S}{v_f}C_{rus})}{SLP} \tag{4-10}$$

式中 C_{rue}——掘进期回采巷道掘进及维护费单价，4 660 元/(a・m)；

C_{rus}——回采期回采巷道维护费单价，180 元/(a・m)；

v_e——回采巷道掘进速度，2 200 m/a；

v_f——工作面推进速度，3 300 m/a。

回采巷道吨煤运输费 C_5：

$$C_5 = \frac{1}{2}C_{tu}S \tag{4-11}$$

式中 C_{tu}——回采巷道运输费单价，0.000 48 元/(t・m)。

由此可以得出分摊吨煤成本 C 与工作面推进长度 S 的关系为：

$$C = \frac{2C_{te}(L+B)+C_{ted}L+C_{fi}}{LP}\frac{1}{S} + (\frac{b}{LP}+\frac{1}{2}C_{tu})S$$
$$b = \frac{2C_{rue}}{v_e} + \frac{C_{rus}}{v_f} \tag{4-12}$$

带入数据得：

$$C = \frac{621.636}{S} + 0.000\ 351\ 5S$$

根据上式给出的分摊吨煤成本和工作面可推进距离的函数关系绘制曲线如图4-18所示，由图可以看出，在推进长度为1 500 m之前，分摊吨煤成本随着推进长度的增加不断降低,之后随着推进长度的增加平缓增加。最佳工作面推进距离在 1 500～2 500 m 范围内。

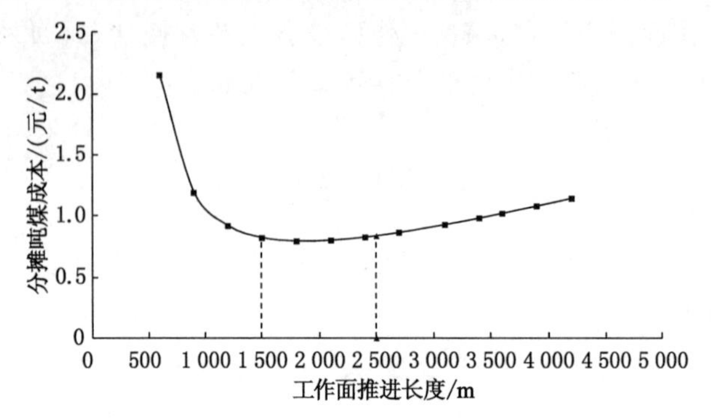

图 4-18　分摊吨煤成本与工作面推进长度的关系曲线图

结合以上分析,以盘区尺寸作为最大可推进长度是合理的,可推进长度在 1 709～2 297 m 内变化。

由以上分析,综合确定 431 盘区首采工作面参数如下:工作面采高为 1.2 m,工作面长度为 160 m,可推进长度为 1 709 m。

5 快速推进薄煤层综采工作面巷道布置与掘进技术

薄煤层综采工作面推进速度快，传统的工作面巷道布置及掘进方式已不能够完全满足快速推进的薄煤层工作面开采需求，通过优化薄煤层综采工作面半煤岩回采巷道掘进及布置方式，完善快速推进薄煤层综采工作面开采系统设计，对于提高薄煤层经济效益、降低回采成本具有重要的现实意义。

5.1 快速推进薄煤层综采工作面沿空留巷技术

为缓解薄煤层采掘接替，适应快速推进薄煤层综采工作面的开采需求，减少掘进巷道工作量，实现薄煤层端头区设备(刮板输送机机头、转载机、破碎机等)的合理过渡，开发了快速推进薄煤层综采工作面沿空留巷技术。

以兖矿集团南屯矿 2102 薄煤层综采工作面为例对薄煤层沿空留巷技术进行阐述，2102 工作面采用高水速凝材料充填沿空留巷技术。上下回采巷道均进行沿空留巷，回采巷道采空帮平行距离胶带中心线 1.7 m 的直线为沿空留巷充填墩的外边沿，沿空留巷的充填墩尺寸为：长×宽×高＝3 000 mm×1 200 mm×1 100 mm，使用规格为长×宽×高＝3 000 mm×1 350 mm×1 300 mm 的充填袋。

(1) 充填工艺

高水速凝材料甲料、乙料按 1∶1 的比例配合使用。为防止浆液在搅拌、运输过程中凝结、堵塞管路和泵等设备，需分别搅拌和泵送甲料、乙料，因而采用双液充填工艺。采用 1 台流量为 120～150 L/min 的双液充填泵充填。甲料、乙料各配 2 台搅拌桶，每台搅拌桶容积 1.0 m^3，搅拌桶附近布置料场，充填泵站布置如图 5-1 所示。由于沿空留巷实体煤帮会向巷道内移动并发生底鼓，为了保证留巷后的断面，一般将充填体全部放在采空区。

正常情况下一天充填一次，下井后工人首先到工作面后方充填点附近进行清理浮煤等工作，尤其是充填体下部的底板位置需要清理干净，然后在将要布置充填体的两侧及前侧打设液压支柱，吊挂充填袋、固定充填体两侧的金属网和对拉钢筋。

(2) 充填区域支护

工作面回采后，上巷保留作为下一个工作面回风巷使用，在工作面回采及留巷期间，顶板活动强烈，大量观测结果表明，顶板活动强烈的范围在工作面后方 100 m 范围内，因此，工作面后方 100 m 范围内需要采用单体液压支柱加强支护。在充填体采空区侧架设 4 排走向金属铰接顶梁抬棚。根据工作面生产地质条件，由于底板较软，初步确定工作面后方单体液压支柱加强支护参数为：单体液压支柱配铰接顶梁、铁鞋，柱距为 1.0 m，排距为 1.1 m，每排打 4 根单体液压支柱支护，留巷段加强支护如图 5-2 所示。

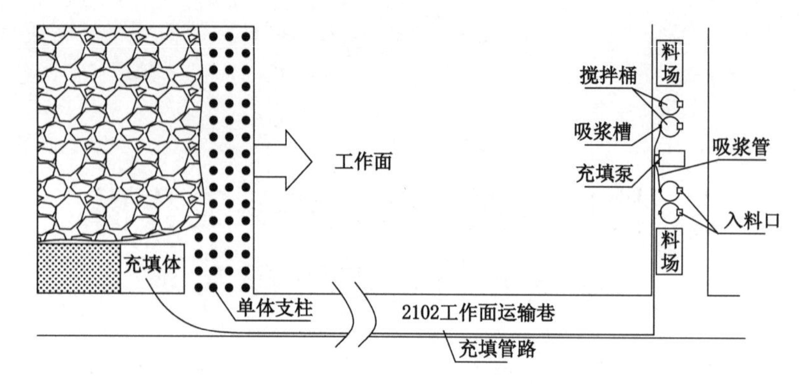

图 5-1　高水速凝材料双液充填泵站布置示意图

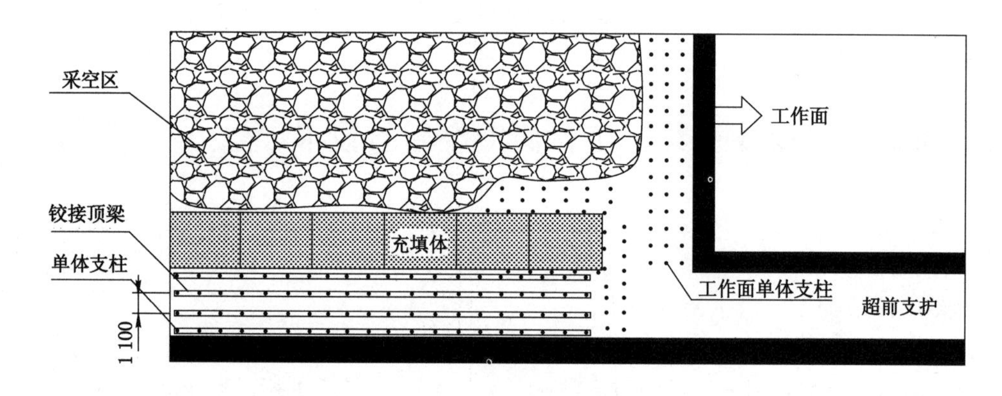

图 5-2　留巷段加强支护

(3) 工作面后方临时支护方案

在工作面推进过程中为减少排头支架对顶板的破坏作用，影响顶板的完整性，移架时坚持带压擦顶移架，支架前移后及时对裸露顶板进行支护，防止顶板冒落，保持充填区域内顶板的完整性，以利于充填工作的顺利进行。在端头支架采空区侧架设长 3～4 m 的 4 排间距为 600 mm 的走向金属铰接顶梁抬棚，临时支护示意图如图 5-3 所示。

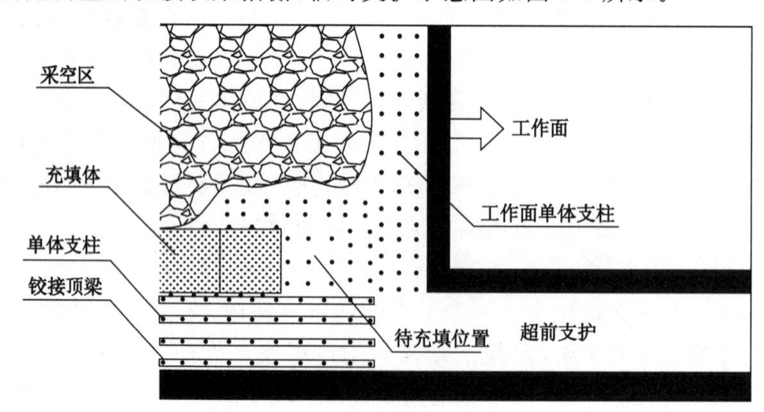

图 5-3　充填区域支护示意图

(4) 充填体加强支护方案

为了增加充填体的承载能力和抗横向变形能力，在充填体内布置对拉钢筋以加固充填体，加固示意图如图 5-4 所示。

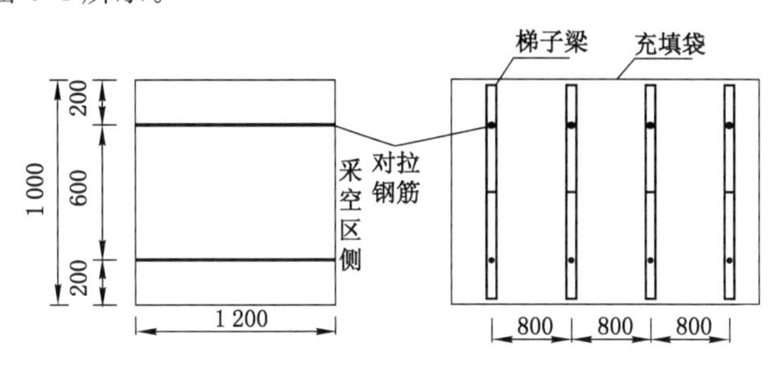

图 5-4 充填体加固示意图

(5) 应用效果

2102 工作面回采巷道留巷效果整体较好，极大地降低了下工作面开采半煤岩巷掘进工程量，约降低 50%，有利于工作面采掘接续。现场观测结果表明，2102 工作面留巷效果较好，两帮移近量很小，取得了良好的技术与经济效果。

5.2 快速推进薄煤层综采工作面采掘系统降高设计

目前，国内薄煤层开采“薄煤层、厚装备”的现象仍然较为普遍，在工作面半煤岩回采巷道的掘进方面尤为突出，国内低矮型、大功率半煤岩巷掘进成套装备较为匮乏，半煤岩回采巷道掘进破底(顶)现象严重，在掘进作业中，由于煤层厚度小于设备的最低正常使用高度，必须进行破顶(底)开采，导致煤炭含矸比例增大，破岩量近 30%以上，破顶(底)采掘问题突出，导致掘岩工程量大，采掘接替紧张，与薄煤层综采工作面快速推进的要求极不适应，一定程度上制约了工作面推进速度。

为满足快速推进薄煤层综采工作面回采巷道掘进的要求，仍需进一步降低薄煤层回采巷道高度，缓解薄煤层开采的紧张接替现象。基于以上分析，本书围绕薄煤层采掘系统的降高设计及矮型化半煤岩巷掘进成套装备两个方面，对快速推进条件下薄煤层综采工作面掘进技术进行研发，用以解决薄煤层半煤岩回采巷道“超高设计、超高掘进”的问题。

5.2.1 采掘系统“整体降高”设计原则

影响薄煤层低矮化巷道设计的主要因素包括如下几个方面：

(1) 掘进支护设备选型、工作面回采设备选型及辅助运输设备选型；

(2)《煤矿安全规程》规定：综合机械化采煤工作面内巷道高度不得低于 1.8 m；

(3) 工作面及回采巷道风量校核所允许的高度。

薄煤层采掘系统“整体降高”设计，即在符合《煤矿安全规程》的前提下，研制或者改进现有设备使得回采巷道及工作面设备高度降低，从而实现巷道的降高，进而减少破底(顶)现象以及掘进巷道破岩量，为实现薄煤层开采的高产高效提供一定的技术支持。采掘系统“整体降高”设计方法的技术流程如图 5-5 所示。

5.2.2 采掘系统“整体降高”设计方法

以薄煤层综采工作面辅助运输设备对于采掘系统降高的影响为例，对采掘系统整体降

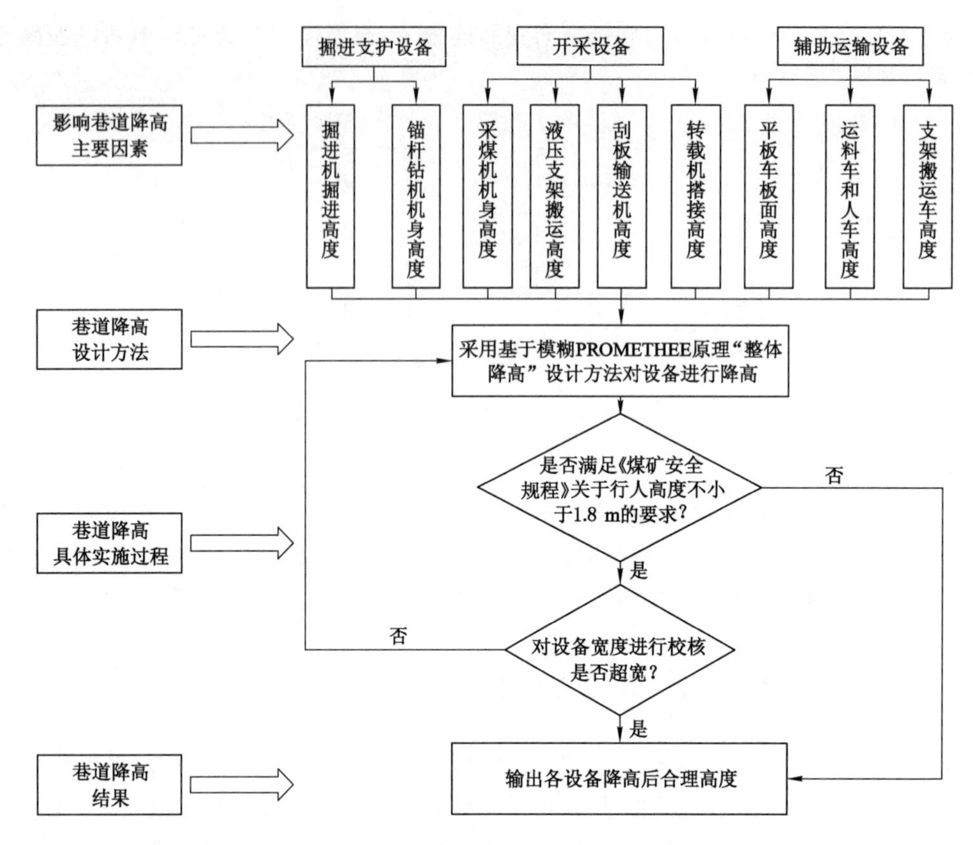

图 5-5　采掘系统“整体降高”设计方法示意图

高设计方法进行阐述。

目前，针对薄煤层综采工作面辅助运输模式的研究相对较少，薄煤层综采工作面辅助运输模式的决策大都依靠管理者经验。对于近水平薄煤层综采工作面，采用无轨辅助运输方式能够缓解工人劳动强度大的难题，但会增加半煤岩巷掘岩工程量，而轨道运输方式在降低掘岩工程量的同时会增加人员劳动强度及安全隐患，针对类似条件工作面辅助运输模式决策的技术难题，本书对无轨、轨道辅助运输模式进行了系统论证。通过论证可知，辅助运输模式决策可以归结为模糊多属性目标决策问题，决策的关键在于全面掌握决策目标的影响因素，主要包括经济因素、技术因素及人机环境。其中，经济因素中的主导关键子因素为受辅助运输模式制约的巷道最小掘岩工程量，为可预测的定量指标；技术因素主要包括运输效率、技术成熟度、管理难度及灵活性，人机环境主要包括安全程度及劳动强度，均为模糊指标。

通过引入熵值法[91]配合模糊综合排序法[78]建立了辅助运输模式决策的理论模型，确立了辅助运输设备的选型原则，并在中煤集团薄煤层矿井综采工作面取得了良好的应用效果。

5.2.2.1　决策模型

根据模糊 PROMETHEE 排序法原理[56]及辅助运输模式的决策问题，建立了辅助运输模式决策模型，如图 5-6 所示。评价指标相对于目标层而言既有可预测指标，又有模糊指标。针对具体的薄煤层工作面实际生产条件，受辅助运输模式制约的回采巷道掘岩工程量，为可预测成本型指标。模糊指标中既有成本型指标，又有效益型指标，为了便于方案层的综合排序，本书将模糊评价指标均换算为成本型指标进行去模糊化处理。

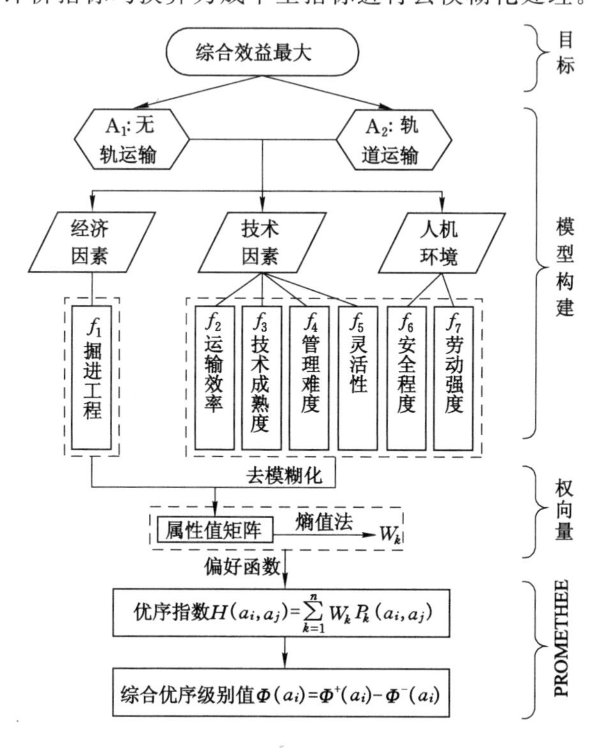

图 5-6　模糊多属性目标决策流程图

根据《采矿工程设计手册》得到不同辅助运输模式条件下的回采巷道断面参数及断面掘岩面积，见表 5-1。

表 5-1　　回采巷道断面参数表

辅助运输模式	净宽度/m	净高度/m	断面掘岩面积/m²
无轨运输	$B_1=1.5+B'+b'$	$D_1=0.6+D'+h'$	$S_1=B_1(D_1-M)$
轨道运输	$B_2=3.2+b'$	$D_2=1.8+h'$	$S_2=B_2(D_2-M)$

表 5-1 中，B_1，D_1 分别为无轨运输回采巷道净宽度、净高度；B_2，D_2 分别为轨道运输回采巷道净宽度、净高度；B'，D' 分别为最小外形尺寸成套无轨运输设备宽度及高度最大值；b'，h' 分别为薄煤层回采巷道两帮移近量及顶底板移近量；M 为薄煤层综采工作面煤层高度，不超过 1.3 m。如图 5-7 所示。

5.2.2.2　结果分析

(1) 指标量化

① 可预测评价指标

回采巷道掘岩工程量为可预测评价指标，薄煤层综采工作面回采巷道均为半煤岩巷，取沿顶卧底掘进条件下无轨辅助运输回采巷道断面为例，如图 5-7 所示。

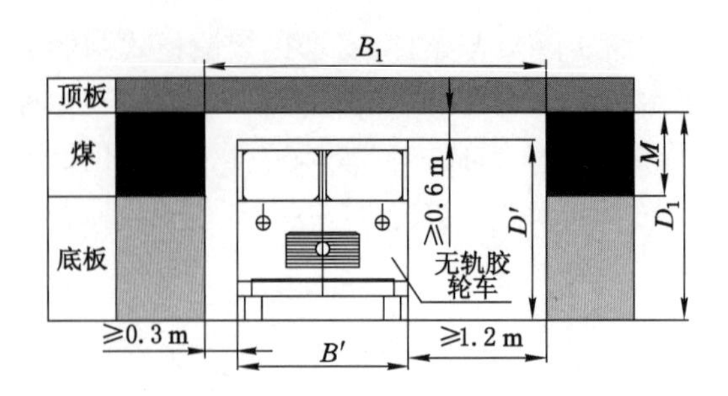

图 5-7　薄煤层半煤岩回采巷道断面图

② 模糊指标

模糊指标参照 2.3.2 小节定性指标的处理方式进行模糊表达，各模糊评价指标对应的模糊表达值见表 5-2。

表 5-2　评价指标的模糊表达值

编号	属性值	运输效率	技术成熟度	管理难度	灵活性	安全程度	劳动强度
VG	$(0,0,0.2)_{LR}$	很好	很成熟	很容易	很灵活	很安全	很小
G	$(0.2,0.2,0.2)_{LR}$	好	成熟	容易	灵活	安全	小
M	$(0.4,0.2,0.2)_{LR}$	中等	中等	中等	中等	中等	中等
W	$(0.6,0.2,0.2)_{LR}$	一般	一般	一般	一般	一般	一般
B	$(0.8,0.2,0.2)_{LR}$	差	不成熟	不容易	不灵活	不安全	大
VB	$(1,0.2,0)_{LR}$	很差	很不成熟	很不容易	很不灵活	很不安全	很大

通过发放调查问卷、现场调研及与专家交流，取得了各模糊指标的属性值，见表 5-3。

表 5-3　模糊表达结果

准　则	运输效率	技术成熟度	管理难度	灵活性	安全程度	劳动强度
A_1：无轨运输	VG	G	G	VG	G	VG
A_2：轨道运输	M	G	M	W	W	W

利用 Yager 指数对模糊数进行去模糊化[79]，即：

$$f(x)=F(m,a,b)=(3m-a+b)/3 \tag{5-1}$$

(2) 净流量

根据 PROMETHEE 及熵权的计算法则对相关参数进行计算，结果见表 5-4。

表 5-4　参数计算表

准　则		f_1	f_2	f_3	f_4	f_5	f_6	f_7
x_{ij}	A_1	S_1	0.067	0.2	0.2	0.067	0.2	0.067
	A_2	S_2	0.4	0.2	0.4	0.6	0.6	0.6
t_{ij}	A_1	$S_1/(S_1+S_2)$	0.14	0.5	0.33	0.1	0.25	0.1
	A_2	$S_2/(S_1+S_2)$	0.86	0.5	0.67	0.9	0.75	0.9

续表 5-4

准　则		f_1	f_2	f_3	f_4	f_5	f_6	f_7
H_j		H_1	0.59	1	0.92	0.47	0.81	0.47
d_{ij}	A_1	$(S_1-S_2)/(S_1+S_2)$	−0.72	0	−0.34	−0.8	−0.5	−0.8
	A_2	$(S_2-S_1)/(S_1+S_2)$	0.72	0	0.34	0.8	0.5	0.8
$P(A_1,A_2)$		$(S_1-S_2)/(S_1+S_2)$	0	0	0	0	0	0
$P(A_2,A_1)$		0	0.72	0	0.34	0.8	0.5	0.8

得 $W_k=\frac{1}{2.74-H_1}(1-H_1,0.41,0,0.08,0.53,0.19,0.53)$，其中，$H_1=-\frac{1}{\ln 2}\left[\frac{S_1\ln S_1+S_2\ln S_2}{S_1+S_2}-\ln(S_1+S_2)\right]$，$0\leqslant H_j\leqslant 1$，得无轨胶轮车辅助运输方案的净流量为：

$$\Phi(A_1)=\frac{1}{2.74-H_1}\left[\frac{(1-H_1)(S_1-S_2)}{S_1+S_2}-1.27\right] \tag{3-2}$$

其中，$S_1=B_1D_1=(1.5+B'+b')(0.6+D'+h'-M)$，$S_2=B_2D_2=(3.2+b')(1.8+h'-M)$，无轨胶轮车辅助运输方案净流量可以表示为巷道围岩变形量、设备尺寸及煤层厚度的函数。同理可以得出轨道运输方案净流量关于巷道围岩变形量、设备尺寸及煤层厚度的函数。

5.2.3 采掘系统"整体降高"工程案例

5.2.3.1 辅助运输模式选择

根据上述"降高"设计新方法，针对中煤集团南梁煤矿 20302 薄煤层综采工作面、甘庄煤矿 8102 薄煤层综采工作面及唐山沟煤矿 8812 薄煤层综采工作面，对其回采巷道的辅助运输设备进行"降高"设计，即对回采巷道中较高的辅运设备进行"降高"设计，从而使其满足低矮化巷道的回采、运输的需求。结合各薄煤层矿井地质条件，基于成本型指标净流量的大小，得出各工作面辅助运输模式优选如下：甘庄煤矿 8102 薄煤层综采工作面及唐山沟煤矿 8812 薄煤层综采工作面采用轨道辅助运输，南梁煤矿 20302 薄煤层综采工作面采用无轨辅助运输模式。

根据南梁煤矿 20302 薄煤层工作面具体参数(南梁煤矿 20302 薄煤层工作面回采巷道最大两帮移近量及顶底板移近量均稳定在 0.2 m 左右)，带入式(3-2)，利用 Mathmatic 绘制了无轨辅助运输方案净流量 $\Phi(A_1)$ 关于设备宽度 B'，高度 D' 的关系曲面，如图 5-8 所示。

由图 5-8 可知，对研究结果基于成本型指标进行优序排列，净流量越小对薄煤层综采工作面的综合效益越显著。无轨辅助运输模式净流量与设备尺寸呈正相关关系，小型化无轨辅助运输设备的研制与使用，能够降低无轨辅助运输方案的净流量，对薄煤层综采工作面的高效开采具有积极的意义。无轨辅助运输成套设备选型与配套应遵循"先高后宽"的原则，即以最大限度降低回采巷道高度为基础进行成套设备的选型。同理，可以绘制出轨道辅助运输方案净流量关于设备宽度及高度的关系曲面，可得到和无轨辅助运输相同的结果，即轨道辅助运输成套设备选型与配套应遵循"先高后宽"的原则。

因此，针对矮巷道设备运输与移动，需对薄煤层工作面设备进行降高，以满足工作面成套设备搬运及巷道移动设备列车的需求。但是，巷道中设备的高度降低后，将伴随着设备宽度的增加，因此在满足《煤矿安全规程》关于巷道高度限制的条件下对巷道及设备进行降高

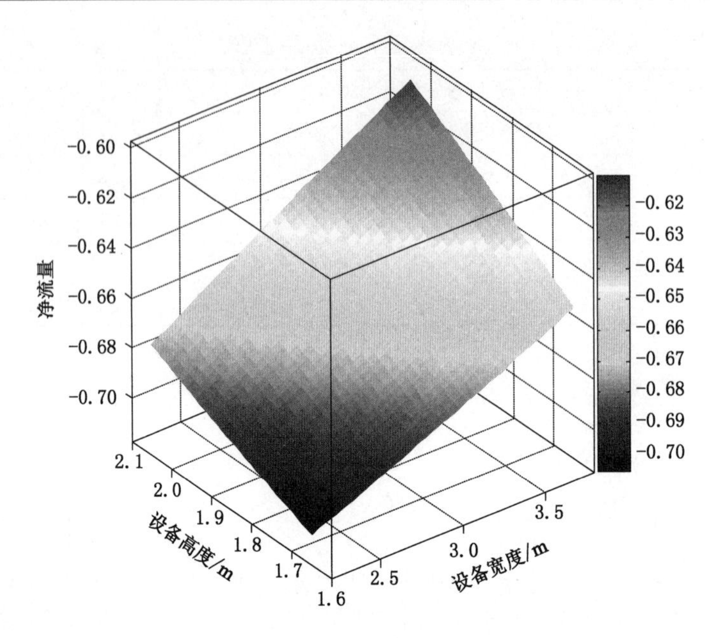

图 5-8　无轨运输方案净流量示意图

后，需对巷道及设备宽度进行校核。

5.2.3.2　回采巷道整体降高设计

以中煤集团甘庄煤矿为例说明开采系统“整体降高”设计方法。据调研可知，掘进巷道或者工作面安装需要经过回采巷道空间的设备如下：① 回采设备：采煤机、刮板输送机、液压支架、转载机、破碎机及胶带输送机等；② 掘进支护设备：掘进机、锚杆钻机等；③ 辅助运输设备：支架搬运车、防爆型无轨运输车、人车、平板车等。可知设备安装时采用调度绞车牵引矿车或平板车等运输方式，运输支架时其高度为 1.5 m（支架 0.8 m＋平板车 0.5 m＋轨道 0.2 m），其他各设备所需最小巷道高度详见表 5-5。

表 5-5　　甘庄煤矿 8102 薄煤层综采工作面设备配套

设备名称	原设备型号	原设备高度/m	所需最小巷道高度/m
采煤机	MG2×160/710—AWD	1.3～2.6	2.0
刮板输送机	SGZ730/264	0.22	
液压支架	ZY3200/08/18D	0.8～1.8	1.5
转载机	SZZ630/110	1.95	2.2
破碎机	PLM500		
胶带输送机	DSJ100/63/2×90	1.6	2.1
掘进机	EBZ160	1.65	2.2
锚杆钻机	MQT—130C3	1.15～2.5	1.6
防爆型无轨运输车	WC5 矮型	2	2.3
人车	WXD8R	1.98	2.3
平板车	MPC5—6	0.5	

由表 5-5 可知，影响薄煤层低矮化巷道设计的主要设备因素为液压支架搬运高度、转载机转载高度、掘进机掘进高度以及辅助运输设备高度，因此重点围绕“三机”高度、转载高度、支架搬运高度、供电、液设备高度、掘进高度与辅运高度等，分别从工作面巷道设备和回采巷道设备两个技术方向对巷道中设备进行“降高”。

（1）辅助运输设备“降高”

对甘庄煤矿 8102 薄煤层综采工作面辅助运输设备进行设备选型与配套，详情见表 5-6，平板车、材料车有轨辅助运输成套设备最大高度降至 1.612 m，新选辅助运输设备成套设备较原有辅助运输设备，回采巷道高度降低 0.5 m，掘进单进成本降低 199.17 元，矸石运输成本节约 309.5 元/m，综掘机设备节约 112 元/m，总计每米巷道可降成本 620.67 元，预计为 8102 薄煤层工作面开采增加盈利 2 800 万元，为中煤集团薄煤层综采工作面的建设提供了技术借鉴。

表 5-6　　甘庄煤矿 8102 工作面辅助运输设备配套表

项　目	WXD8R 型人车	WXD5 型材料车	MPC5—6 型平板车	支架搬运车
外形尺寸（长×宽×高）/m	5.80×1.95×1.60	5.80×1.95×1.60	3.45×1.2×2.48	无
用　途	人员、材料及中小型设备运输		矸石、水泥等散状物料的装卸	支架等大型设备搬运

由表 5-6 可知，辅助运输设备“降高”后，相应的设备宽度增加了，最大设备宽度达到 1.95 m，但仍满足《煤矿安全规程》关于人行道宽度等其他要求，因此降高设计结果满足技术要求。

（2）掘进设备“降高”

为满足薄煤层半煤岩回采巷道降高设计的技术要求，通过技术攻关，张家口煤机厂成功研制了 EBZ160B 型大功率矮型化薄煤层半煤岩掘进机，并首次在中煤集团甘庄煤矿薄煤层综采工作面进行工业性试验，取得了良好的技术与经济效益。EBZ160B 型大功率矮型化薄煤层半煤岩掘进机的成功研制与应用，将半煤岩回采巷道的最小综掘高度由原先的 2.2 m 降低为 1.8 m，首次实现了 1.8 m 高度回采巷道的掘进。EBZ160B 型大功率矮型化薄煤层半煤岩掘进机技术参数见表 5-7。

伴随着大功率低矮化半煤岩掘进机的发展，配套的矮型化掘进装备也取得了相应的进展。其中，薄煤层超矮型多级伸缩式锚杆钻机取得了巨大的进步，成功研制了 MQT—130/3.0C4 型气动锚杆钻机，将锚杆钻机的整机最小高度由原先的 1.1 m 降低为 0.83 m，满足了我国 1.8 m 高度回采巷道的高效支护需求。

表 5-7　　EBZ160B 型掘进机主要技术参数

项目		数值	项目		数值
定位截割	最大高度/mm	3 090	外形尺寸/mm	长	10 400
	最大宽度/mm	4 815		宽	2 800
爬坡能力/(°)		±18		高	1 500

续表 5-7

项目	数值	项目	数值
切割煤岩抗压强度/MPa	≤80	整机质量/t	≈50
截割电机功率/kW	160	泵站电机功率/kW	100
截割头转速/(r/min)	47	总功率/kW	315.5
最大不可拆卸件尺寸(长×宽×高)/mm	3 580×1 430×1 300	最大不可拆卸件质量/t	7.5

(3) 工作面设备"降高"

通过进一步优化工作面内开采设备的高度,对于实现薄煤层半煤岩回采巷道高度具有重要的现实意义。以中煤集团甘庄煤矿薄煤层综采工作面为例,通过进一步优化薄煤层工作面采煤机、刮板输送机设备高度及转载高度,一定程度上实现了半煤岩回采巷道高度的整体降高。

通过对甘庄煤矿 8102 薄煤层综采工作面采煤机结构优化设计与改进,实现了机身高度的降低和摇臂行星头尺寸的减小,实现了采煤机机身高度的进一步降低至 855 mm,工作面配套 MG2×160/710—AWD 型采煤机,其主要技术参数见表 5-8。

表 5-8　MG2×160/710—AWD 型采煤机主要技术参数

项目	最大生产能力/(t/h)	机身高度/mm	滚筒截深/mm	牵引力/kN	牵引速度/(m/min)	主机质量/t	煤质坚固性系数 f	割岩坚固性系数 f
数值	900	855	600,800	240～400	0～7.6～12.6	29	≤4	≤7

同时,对工作面刮板输送机中部槽挡板进行降高的优化与改进,降高后槽帮经优化设计高度降为 220 mm。另外,将转载机主体与胶带机自移机尾配套后总高度通过优化降低至 1 480 mm,降低了工作面胶带机与转载机的转载高度,达到了工作面整体降高的要求。

5.2.3.3　"降高"设计方法应用效果

以中煤集团薄煤层开采为例,通过在中煤集团甘庄煤矿采用开采系统"整体降高"设计方法,对薄煤层成套装备以及低矮化巷道设计进行了研究与应用,重点围绕"三机"高度、转载高度、支架搬运高度、供电、液设备高度、掘进高度与辅运高度等进行了系统研究。"降高"前后甘庄煤矿薄煤层设备配套对比见表 5-9。

表 5-9　甘庄煤矿薄煤层"降高"前后设备配套对比

设备名称	原设备型号	原设备高度/m	现设备型号	现设备高度/m
采煤机	MG2×160/710—AWD	1.3～2.6	MG2×160/730—AWD2	1.3～1.8
刮板输送机	SGZ730/264	0.22	SGZ764/400	0.22
液压支架	ZY3200/08/18D	0.8～1.8	ZY6000/09/19D	0.95～1.9
转载机	SZZ630/110	1.95	SZZ764/200	1.85
破碎机	PLM500		PLM500	

续表 5-9

设备名称	原设备型号	原设备高度/m	现设备型号	现设备高度/m
胶带输送机	DSJ100/63/2×90	1.6	DSJ100/63/2×90	1.6
掘进机	EBZ160	1.65	EBZ160B	1.5
锚杆钻机	MQT—130C3	1.15～2.5	MQT—130/3.0C4	0.85～1.97
支架搬运车	WC40Y	1.687	WC40	1.612
防爆型无轨运输车	WC5 矮型	2	WC3E(A)	1.78
人车	WC24RE	1.98	WC3E(A)	1.78
平板车	MPC5—6	0.5	MPC5	0.38

分别从工作面设备和回采巷道设备两个方向进行技术研究，研制出薄煤层矮回采巷道专用掘、锚、支、运等设备，将巷道高度由 2.4 m 优化到 1.8 m，降低高度 0.6 m，每米破岩量由 12.1 t 减少到 6.6 t，单进提高 37%，如图 5-9 所示。

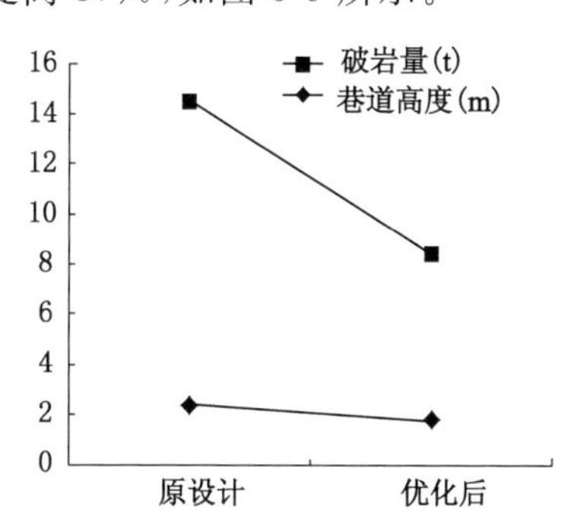

图 5-9 甘庄煤矿“降高”前后破岩量及巷道高度对比图

将上述开采系统“整体降高”设计方法运用于中煤集团其他薄煤层矿井，得到了各薄煤层矿井采掘工作面降高后的设备配套，见表 5-10，各薄煤层矿井巷道降高后对煤矿开采产生的效果见表 5-11。

表 5-10 中煤集团薄煤层矿井采掘工作面设备配套

矿井名称	配套设备				机面高度/m	支护范围/m	转载机高度/m	输送机机头高度/m	移变高度/m
唐山沟矿	采煤机	MG2×160/710—AWD	转载机	SZZ730/200	0.855	1.0～2.1，端头1.3～2.6	1.65	卧底布置，距底板 0.98	
	刮板输送机	SGZ730/400	胶带运输机	SSJ—1000/160					
	液压支架	ZY6000/10/21D	破碎机	PCM110					
山不拉矿	采煤机	MG320/720—AWD	转载机	SZZ764/160	1.15	1.25～2.8	1.8	1.252	
	刮板输送机	SGZ764/2×160	平板车	MPC10—6					
	液压支架	ZY6800/12.5/28	支架搬运车	WC30J					

续表 5-10

矿井名称	配套设备				机面高度/m	支护范围/m	转载机高度/m	输送机机头高度/m	移变高度/m
南梁矿	刨煤机	BH38/2×400	转载机	SZZ800/200	同采高	0.9～1.8	1.8	1.6	
	刮板输送机	SGZ764/800	破碎机	PCM132					
	液压支架	ZY7000/09/18D							
北辛窑矿、小梁沟矿、上深涧矿	采煤机	MG2×160/710—AWD	转载机	SZZ730/132	0.853	1.0～2.1	1.85	1.53	1.7
	刮板输送机	SGZ730/400	移动变电站	KBSGZY—1250/10					
	液压支架	ZY6000/10/21D		KBSGZY—2000/10					

由表 5-10 和表 5-11 可知，通过实施薄煤层工作面系统降高后，中煤集团各薄煤层工作面设备能够满足低矮化巷道生产及运输，解决了“薄煤层、厚装备”等现象，减少了薄煤层半煤岩回采巷道掘进破岩量，为快速推进薄煤层综采工作面的掘进提供了良好的技术思路。

表 5-11　中煤集团各薄煤层巷道“降高”对成本、煤质、进尺的影响

矿井名称	巷道高度/m	破岩量/m	单进成本/(元/m)		矸石运输/(元/m)	综机备件/(元/m)	单进/m	煤质影响
			宽 5.4 m	宽 4.5 m				(掘进)
南梁矿	2.4	0.9	5 591	4 660	619	558.6	200	2 800 大卡
	2.0	0.5	5 391.83	4 494.12	309.5	446.6	250	3 800 大卡
			−199.17	−165.88	−309.5	−112	50	1 000 大卡
甘庄矿			巷道 4.2 m×2.7 m					
	2.7	1.15	2 894.83			480	280	2 800 大卡
	2.0	0.45	2 593.95			360		4 000 大卡
			−300.88			−120		1 200 大卡
唐山沟矿			巷道 4.2 m×2.5 m					
	2.4	0.8	2 550			336	300	4 200 大卡
	2.0	0.4	2 150			240		5 000 大卡
			−400			−96		800 大卡
山不拉矿			巷道 4.2 m×2.4 m					
	2.4	0.7	3 158					2 400 大卡
	2.0	0.3	2 840					3 700 大卡
			−318					1 300 大卡

6 薄煤层自动化开采安全保障技术

自动化及智能化综采工艺模式是实现薄煤层综采工作面减人提效的有效途径。受薄煤层地质条件和开采环境变化、设备性能、操作技术、管理水平及其相互作用的影响,距离智能化综采工艺模式的广泛实施还有一定的距离,自动化综采工艺模式实施也带有较大的随机性。

6.1 薄煤层自动化开采关键技术体系概述

从广义上来讲,为实现薄煤层自动化开采而研发的技术,统称为薄煤层自动化开采技术[92],为传感器技术、信息技术、网络技术等组合构建的技术体系。从狭义上来讲,薄煤层自动化开采工艺是采煤机按照预设参数进行自动割煤的采煤工艺。结合目前薄煤层自动化综采工艺的发展现状,构建了薄煤层自动化开采关键技术体系,如图 6-1 所示。

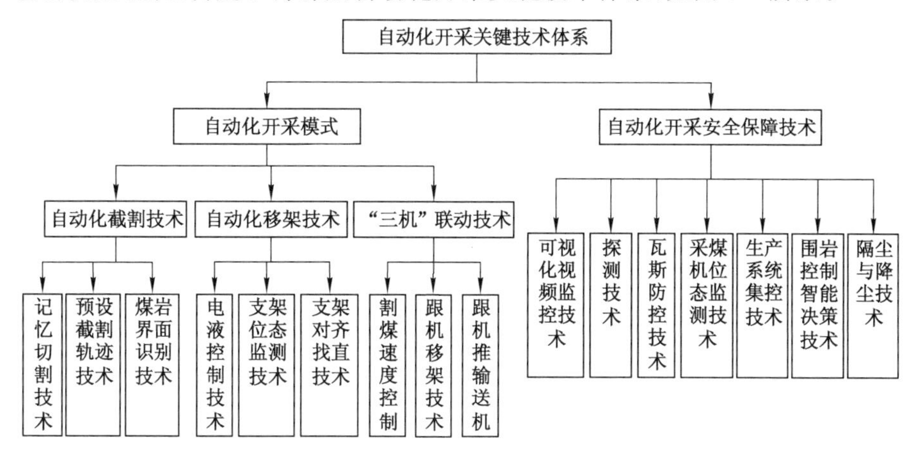

图 6-1 自动化开采关键技术框图

薄煤层自动化综采关键技术包括自动化开采模式及其安全保障技术。同时,按照自动化截割技术的类别将自动化开采模式又细分为记忆切割自动化开采模式、预设截割轨迹自动化开采模式及以煤岩界面识别为基础的智能化开采模式,配合自动化移架技术与“三机”联动技术共同实现薄煤层工作面的自动化截割,自动化截割技术属于相互融合、相互依存的自动化技术组合,针对该部分内容的阐述详见本书第 7 章。

自动化开采安全保障技术属于自动化关键技术的重要组成部分,本章通过研究薄煤层工作面地质异常体勘探技术、采煤机定姿定位技术、工作面视频监控技术、工作面围岩控制智能决策技术、工作面隔尘与除尘技术、工作面瓦斯超限防控技术及工作面生产系统集控技术等薄煤层自动化开采安全保障技术，旨在构建薄煤层自动化开采安全保障技术体系，为薄煤层自动化开采提供决策支撑。

6.2 薄煤层工作面地质异常体探测技术研究

书中提及的薄煤层综采工作面地质异常体指影响薄煤层综采工作面自动化开采的关键地质因素，包括薄煤层煤厚变化带、地质构造带等。

薄煤层工作面地质异常体探测技术研究采用的技术流程如图 6-2 所示，主要步骤为：对采集到的实验数据进行 CT 层析成像处理，得到工作面内地震波走时成像结果；对震波走时成像结果进行特征点统计分析，完成煤厚等值线分布绘制工作；根据 CT 层析成像结果和煤厚分布结果完成工作面地质异常体的探测任务。

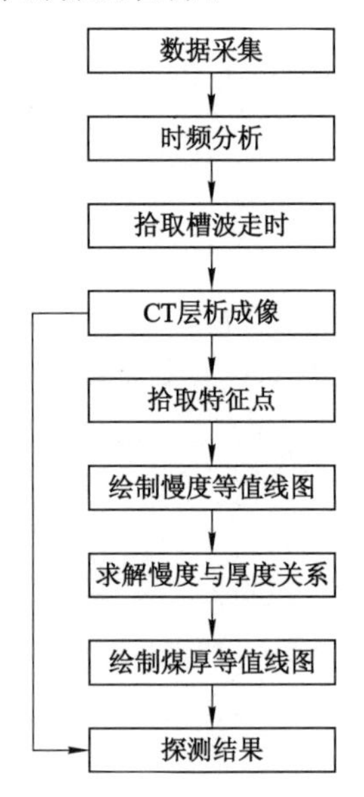

图 6-2 薄煤层工作面地质异常体探测流程图

6.2.1 薄煤层工作面煤厚变化带探测技术

6.2.1.1 探测方法

探测薄煤层工作面煤厚变化带采用地震波透射法，透射法测量中，震源与检波器(排列)布置在不同的巷道内。在一条巷道内激发，在另一条巷道中接收通过采区或盘区的透射地震波。以冀中能源邯郸矿业集团郭二庄煤矿 22204 工作面为工程背景，对薄煤层工作面煤厚变化带探测技术进行详细说明。

6.2.1.2 工程概况

(1) 煤层情况

22204 工作面开采 2 号煤层，煤层结构简单，煤层厚度 0.5～2.2 m，试验区内平均厚度 1.2 m，煤层倾角最小为 21°，最大 28°，平均 24°。

(2) 煤层顶、底板情况

直接顶为中砂岩，厚度为 0～9.51 m，灰黑色，泥炭质较高，松软，含植物化石。直接底为粉砂岩，厚度为 2.23～11.25 m，灰黑色，细腻，含较多植物化石。老底为中砂岩，厚 0.97～5.055 m，浅灰色，厚层状，石英、长石为主。

(3) 地质构造及其他地质条件

工作面煤层为褶皱构造，中外部为宽缓背斜构造，中里部为宽缓向斜构造，煤岩层走向变化较大，走向 N0°～N44°，倾向 N90°～N134°，倾角 21°～28°，中外部倾角小，里部倾角大，平均倾角 24°。据原 22202、22206 工作面和二采里部轨道坡、胶带坡揭露，该面掘进过程中会揭露 10 条断层，落差为 0.5～3.0 m，其中对工作面掘进影响较大的断层 5 条，见表 6-1。

表 6-1　　22204 工作面断层一览表

名称	走向/(°)	倾向/(°)	倾角/(°)	性质	落差/m	对掘进影响程度
22202-F_2	0	90	65	正	2.0	影响较大
22202-F_4	174	84	65	正	2.0	影响较大
22206-F_2	0	90	65	正	2.5～3.0	影响较大
22206-F_3	0	90	60	正	1.3	影响较大
22206-F_4	172	82	70	正	2.5～3.0	影响较大

(4) 水文地质及其他地质因素

工作面煤层基本顶中砂岩为直接充水含水层，富水性弱，工作面上部 22202 工作面，下部 22206、22208 工作面和外部 2214 工作面已回采，顶板已大范围垮落，顶板砂岩和上部石盒子组砂岩水已释放，预计该面在掘进过程中顶板局部会有滴水、淋水，预计正常涌水量 1.0 m^3/h，最大涌水量 3.0 m^3/h，掘进过程中要加强排水管理。依据 22202、22206 工作面瓦斯情况，该面绝对瓦斯涌出量 0.10～0.12 m^3/min，掘进过程中要加强通风管理。煤层自然发火倾向性属Ⅲ类，不易自燃。工作面煤层顶底板综合柱状图如图 6-3 所示。

(5) 22204 工作面巷道布置

如图 6-4 所示。

6.2.1.3 观测系统布置

异常体探测震源采用爆破方式获取。其中，检波点布置方式：22204 风巷 240 m 处开始布置检波器，共布置 69 个检波器(J1:J69)，间距为 10 m，共 680 m。

炮点布置方式：22204 运巷 432 m 处开始布置炮点，共布置 31 个炮点(P1:P31)，间距为 10 m，共 300 m；22204 运巷布置炮孔时，要求炮孔直径为 42 mm，炮孔深度为 3 m，炮孔与煤层保持平行，尽量布置在煤层中间，药量为 300 g；每个发射点对应接收点数 69 个。探测系统测点布置方案如图 6-5 所示。

6.2.1.4 探测结果

(1) 时频分析

震源采用爆破方式，共布置 31 炮，每一炮对应 65 个检波器接收地震数据，共记录 2015 (31 * 65)道数据，对每一道原始数据进行时频分析，并记录槽波的走时，如图 6-6 所示。

(2) CT 层析成像

通过对每一道原始数据进行时频分析，得到不同炮点对应不同检波点的槽波走时，并对其进行 CT 层析成像，结果如图 6-7 所示。

序号	累计厚度/m	分层厚度/m 最小~最大 / 平均	煤岩柱状 1∶500	岩石名称	岩性描述
1	6.78	4.71~8.84 / 6.78	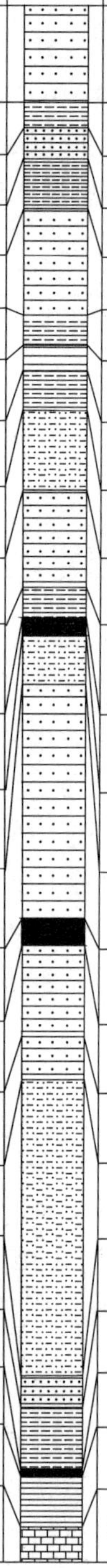	中砂岩	灰白色、厚层状、中细粒、石英长石组成
2	8.55	1.38~2.16 / 1.77		泥岩	深灰色、厚层状、细腻、铝质成分较高、具鲕状构造
3	10.73	1.78~2.59 / 2.18		细砂岩	黑灰色、石英长石组成、局部含炭质
4	14.20	1.93~5.02 / 3.47		泥岩	浅灰色、石英长石组成、完整坚硬、向下逐渐变粗
5	21.62	4.70~12.59 / 7.42		中细砂岩	黑灰色、石英长石组成、局部含炭质
6	23.67	0.88~3.18 / 2.05		泥岩	黑灰色、细腻、松软、局部具铝质及植物化石
7	25.44	1.09~2.18 / 1.77		细砂岩	黑灰色、石英长石组成、局部含炭质
8	28.24	1.74~3.47 / 2.80		泥岩	黑色、细腻、含较多植物化石
9	33.80	4.66~6.42 / 5.56		粉砂岩	黑灰色、厚层状、局部砂质较高
10	40.88	6.26~7.90 / 7.08		中砂岩	深灰色、厚层状、石英长石组成
11	43.36	2.13~2.81 / 2.48		泥岩	黑色、松软、含植物化石
12	44.20	0.00~1.86 / 0.84		1号煤	块状、玻璃光泽、煤质较好
13	47.59	1.10~4.67 / 3.39		粉砂岩	黑色、细腻、含较多植物化石
14	63.98	15.64~17.21 / 16.39		中砂岩	灰白色、厚层状、石英长石组成、完整坚硬
15	65.81	0.50~2.20 / 1.83		2号煤	块状、玻璃光泽、煤质较好
16	72.21	2.30~11.25 / 6.40		粉砂岩	黑色、细腻、含较多植物化石
17	75.22	0.97~5.05 / 3.01		中砂岩	浅灰色、厚层状、石英长石组成
18	95.95	20.16~23.30 / 20.73		粉砂岩	灰黑色、厚层状、夹杂黄铁矿结核、下含植物化石
19	97.12	0.78~1.55 / 1.17		细砂岩	浅灰色、石英长石组成、局部含炭质
20	101.38	4.12~4.40 / 4.26		泥岩	黑色、细腻、含炭质和较多植物化石
21	101.91	0.50~0.55 / 0.53		3号煤	块状、具玻璃光泽
22	105.49	3.48~3.67 / 3.58		页岩	黑色、松软、易碎、含炭质高
23	107.91	2.25~2.58 / 2.42		野青灰岩	深灰色，块状，含泥质、方解石脉和动物化石

图 6-3　22204 工作面煤层综合柱状图

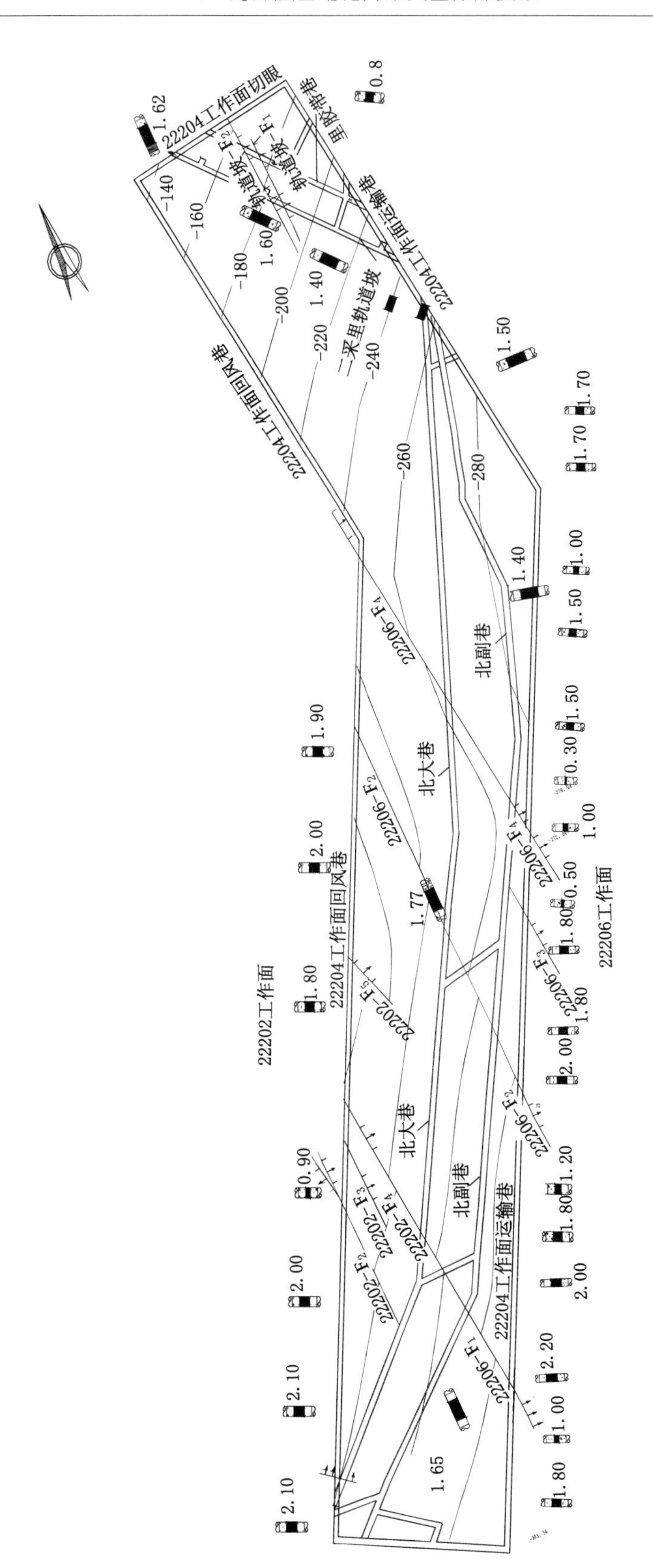

图6-4　22204工作面巷道布置图

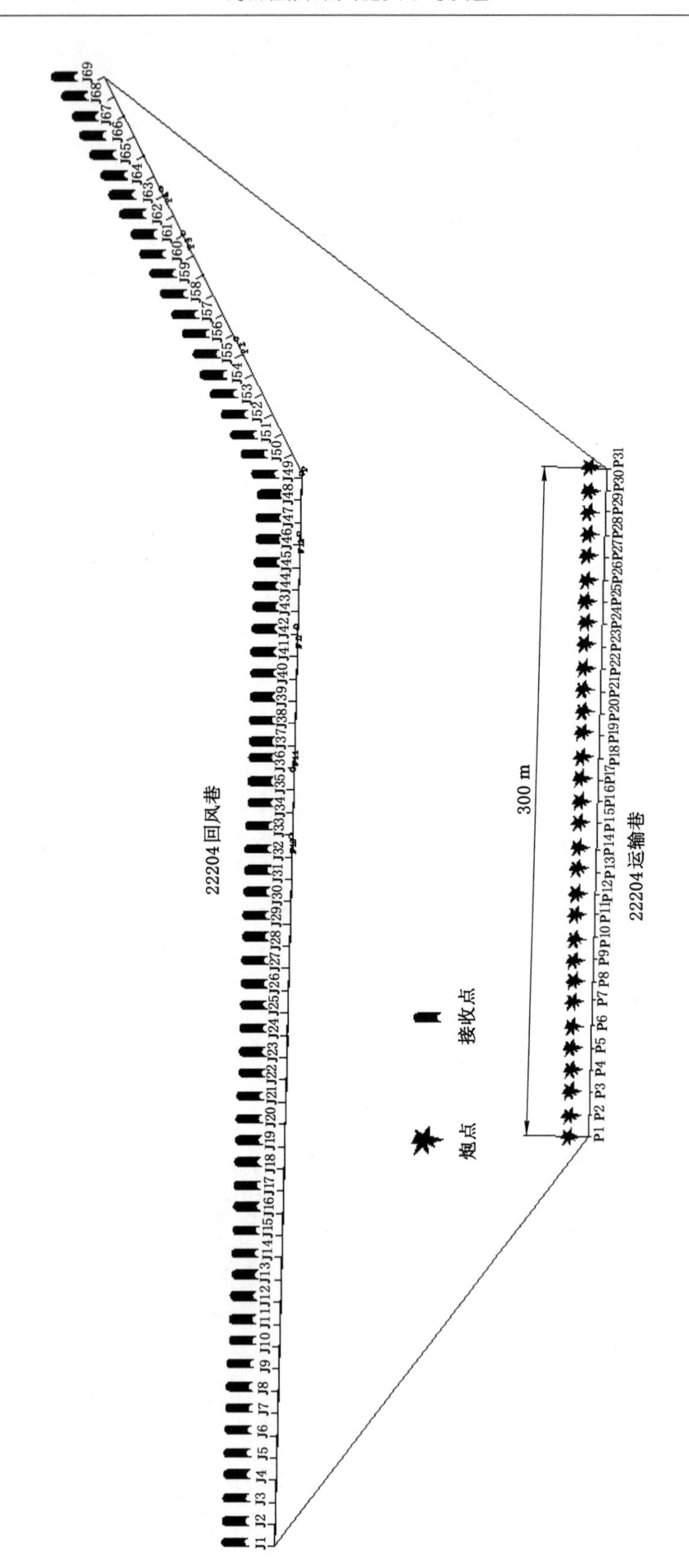

图 6-5 CT探测系统图

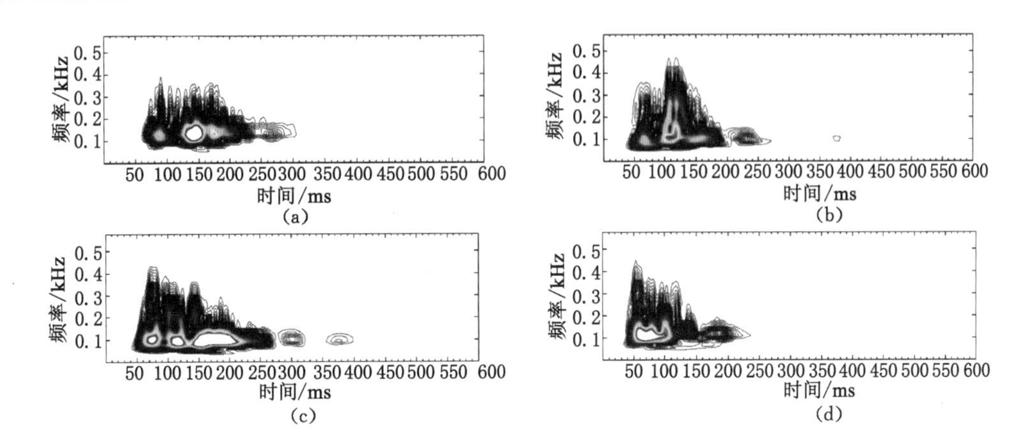

图 6-6　时频分析结果

(a) 发射点 2—接收点 40 时频分布;(b) 发射点 5—接收点 33 时频分布;
(c) 发射点 12—接收点 12 时频分布;(d) 发射点 23—接收点 36 时频分布

图 6-7　CT 三维成像结果

(3) 绘制煤厚等值线图

将从 CT 解算结果中拾取的特征点导入 Surfer 软件,得到煤层厚度分布结果,如图 6-8 所示。

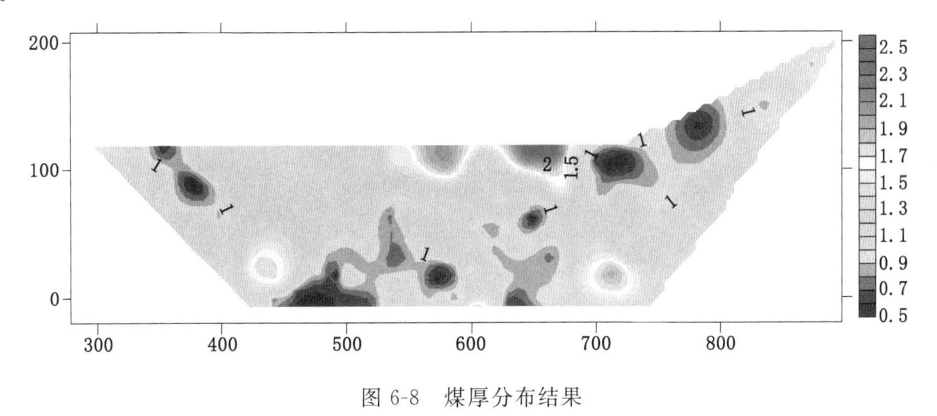

图 6-8　煤厚分布结果

(4) 煤厚探测结果

地震波 CT 坑透处理的煤厚结果(见图 6-9)与巷道揭露的结果基本吻合,具体如下:

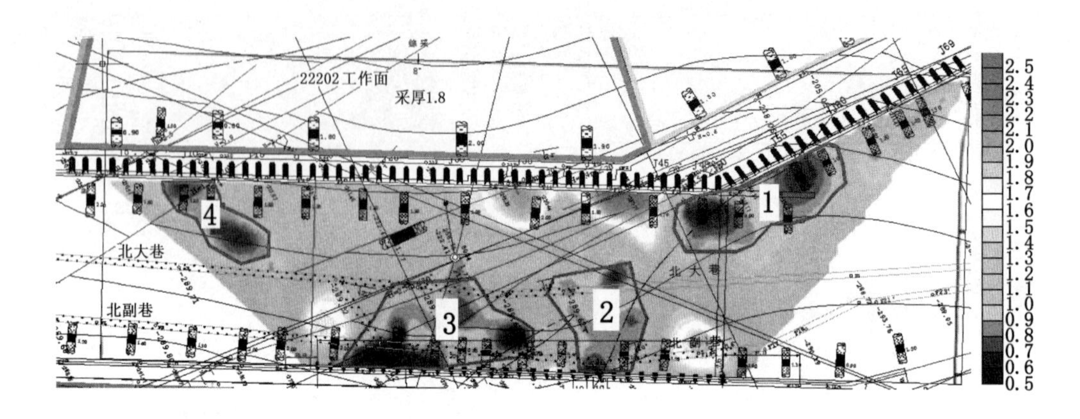

图 6-9　煤厚分布结果

① 22204 工作面探测区域平均煤厚为 1.4 m 左右；

② 1 号薄煤区域，位于 22204 风巷 690～810 m 处，煤厚值较低，呈长条带状，向工作面里面延伸较少，厚度为 0.7～1.0 m；

③ 2 号薄煤区域，位于 22204 运巷 626～686 m 处，煤厚值稍低，呈块状，向工作面里面延伸较多，可能是由于断裂构造等地质因素造成的，厚度为 0.7～1.2 m；

④ 3 号薄煤区域，位于 22204 运巷 460～580 m 处，煤厚值较低，呈块状，范围较大，向工作面里面延伸较多，可能是受断裂构造等地质因素影响，厚度为 0.5～1.1 m；

⑤ 4 号薄煤区域，位于 22204 风巷 310～350 m 处，煤厚值稍低，呈长条带状，向工作面里面延伸较多，可能是由于断裂构造等地质因素造成的，厚度为 0.8～1.3 m。

探测结果准确率是利用两巷揭露的煤厚与数据处理结果所显示的煤厚，通过 MATLAB 软件对其进行对比分析所得(图 6-10)，两条曲线的相关系数为 0.824，实现了薄煤层工作面地质异常区范围判断的准确率达到 80%以上。

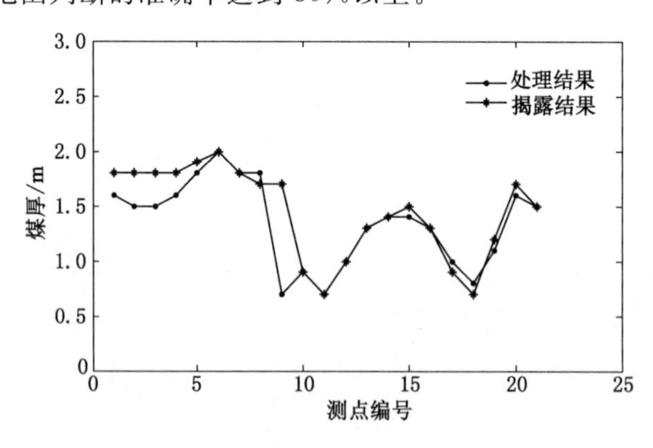

图 6-10　煤厚对比结果

6.2.2　薄煤层工作面地质构造带探测技术

6.2.2.1　探测方法

电磁波 CT 探测技术是根据观测数据对工作面内介质吸收电磁波的能力进行反演，实现工作面内部介质特征的立体成像，目前已广泛应用于井下工作面内的地质构造探测[93]。以冀中能源邯郸矿业集团郭二庄煤矿 22402 薄煤层综采工作面为工程背景，进行电磁波 CT 探测地质构造带技术的详细阐述。

6.2.2.2 工程概况

（1）煤厚情况

22402 工作面主采 2 号煤，煤层结构简单，煤层厚度 1.2～2.1 m，煤层结构简单，平均 1.81 m，煤层可采性指数为 1.0，煤厚变异系数为 8.5%。

（2）煤层顶底板情况

工作面直接顶为泥岩，厚 0～3.11 m，平均厚 2.07 m，外部和里部靠近运巷处少部直接顶板为中细砂岩。基本顶为中细砂岩，厚 4.25～9.49 m，平均 6.73 m，完整坚硬。直接底为泥岩，厚 1.52～7.50 m，平均 4.51 m。老底为中细砂岩，厚 2.0～5.45 m，平均 3.73 m。

（3）地质构造情况

22402 工作面掘进过程中共揭露 22 条断层，落差 0.5～20.0 m，其中工作面内揭露 17 条，落差 0.5～5.0 m，工作面里部断层较发育，特别是切眼附近断层极发育，但断层落差较小，为 0.5～1.6 m，对回采影响不大。工作面内对回采影响较大的断层有 3 条，分别为 $F_{22402-2}$，$F_{22402-3}$，$F_{22402-6}$断层。工作面可能存在隐伏断层，工作面开采前期，有必要采用电磁波 CT 探测技术揭示工作面前方断层构造的发育特征。

6.2.2.3 观测系统布置

数据采集采用定点观测方式，即发射机先固定于发射巷道标定好的发射点位置上，接收机在另一巷道相应范围内逐点沿巷道采集数据，发射接收射线呈扇形状态分布，发射线圈与接收线圈所在平面应与巷壁垂直。在整条巷道内完成数据采集工作后，交换发射机与接收机位置，重复上述工作。

测点布置根据工作面具体情况而定，标注过程中不能漏号、重号且两巷点号相对应，通常发射点距 50 m，接收点距 10 m，也可根据工作面的宽度进行适当调整。1 个发射点，至少对应 11 个接收点，原则上尽可能扩大电磁波覆盖面积，以提高成像效果，观测系统如图6-11所示。

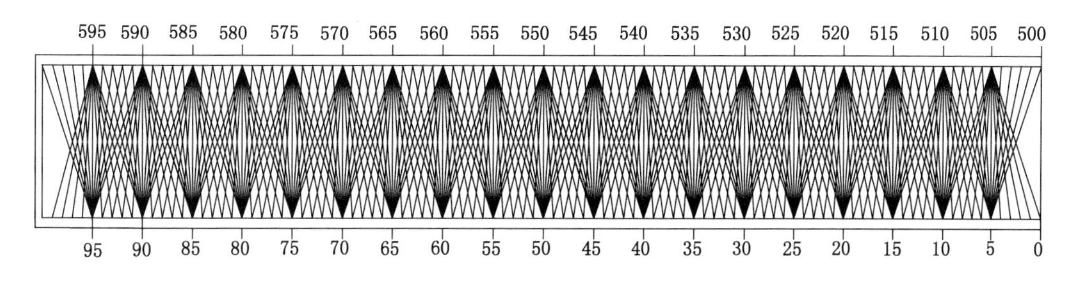

图 6-11 工作面观测系统示意图

6.2.2.4 探测结果

（1）煤层底板等高线

煤层底板等高线图，就是用煤层底板等高线来表示煤层在空间的起伏及被断裂的情况，它可以帮助我们了解煤层底板的空间概念，掌握煤层产状和构造的变化。通过两巷测点高程拟合 22402 工作面煤层底板等高线，如图 6-12 所示。图中右侧为工作面现切眼位置，横坐标表示监测范围内沿工作面走向距离，纵坐标表示监测范围内沿工作面倾向距离，坐标原点为监测的初始点。

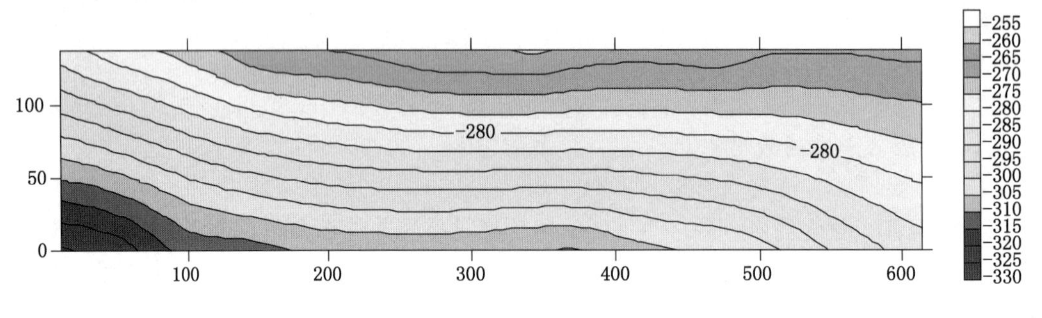

图 6-12　22402 工作面煤层底板等高线

通过 22402 工作面煤层底板等高线可以看出，煤层呈西北高、东南低的态势，且两巷高差 30～50 m，煤层倾角较大。

(2) 煤层厚度变化分析

引起煤层厚度变化的原因是多方面的，煤层厚度变化常是多种因素复合作用的结果，只是其中某种因素起主导作用。在断层发育的地区，煤层厚度变化受断层影响，增厚、变薄、分叉、尖灭现象频繁。一些逆断层两侧可能出现煤层的逆掩重叠或挤压聚集，形成厚煤带；而一些正断层由于引张拖拽作用，可导致断层附近上、下盘煤层厚度变薄。

针对 22402 工作面具体情况，提取两巷揭露煤层厚度数据，拟合 22402 工作面煤厚变化图，如图 6-13 所示，图中坐标含义同图 6-12。

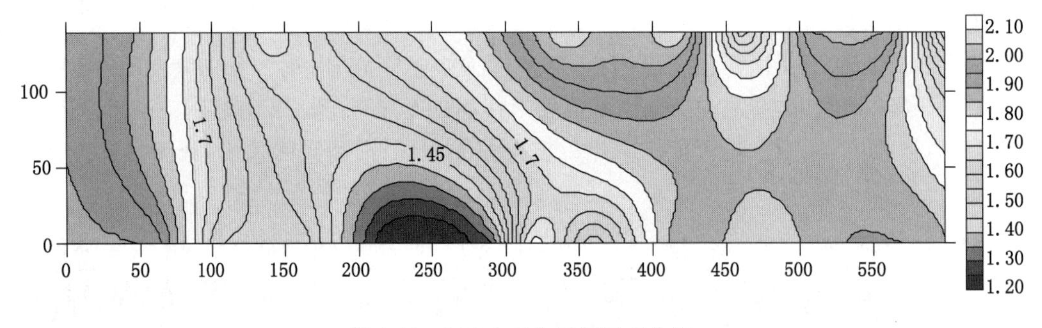

图 6-13　22402 工作面煤厚变化图

通过 22402 工作面煤厚变化图可以看出，整个探测工作面内煤层厚度相对不稳定。从探测起始点开始 150～300 m 范围内相较于其他区域煤层厚度明显变薄，形成薄煤带，这一信息可与后续 CT 探测成果图结合分析，具有重要的参考价值。

(3) CT 层析成像

坑透 CT 层析成像技术充分利用电磁波在媒质传播过程中的信息，反演吸收衰减系数，克服了常规场强对比法和综合曲线交会解释方法的不足，可大大提高资料解释的精确度和可信度，增强异常的识别能力。22402 工作面探测范围为走向长度 595 m，倾向长度 140 m，反演结果如图 6-14、图 6-15 和图 6-16 所示。

综合煤层底板等高线分析、工作面两巷揭露情况分析及 CT 层析成像分析，得到 22402

图 6-14　22402 工作面 CT 探测结果

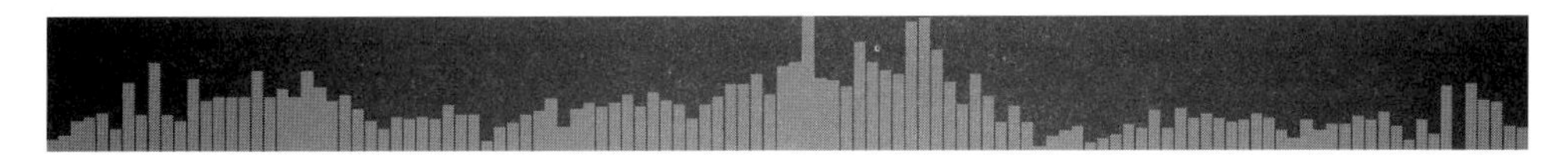

图 6-15　22402 工作面 CT 投影曲线

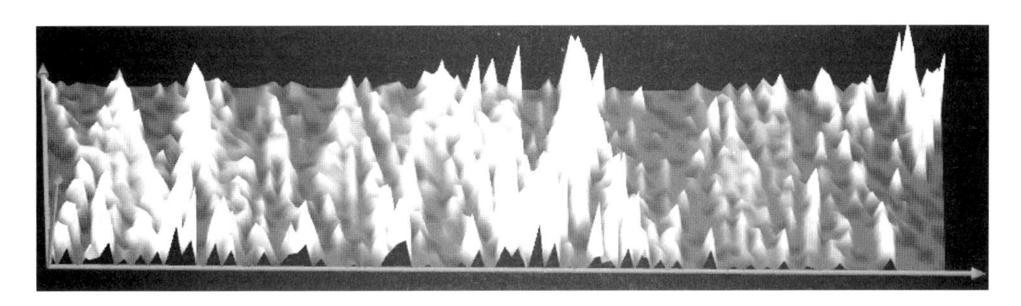

图 6-16　22402 工作面三维成像结果

工作面 CT 探测成果图，如图 6-17 所示。

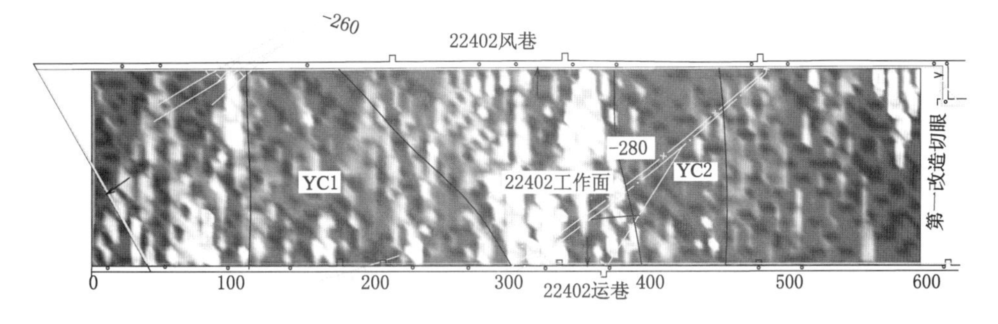

图 6-17　22402 工作面 CT 探测成果图

（4）探测结果

本次工程探测发现 2 处异常区：

1 号异常区对应运输巷 110～300 m、回风巷 110～180 m 范围，该区域呈现高吸收系数特征，同时投影曲线衰减程度剧烈，结合两巷揭露煤厚信息，该区域含煤量极少，划定为薄煤区。

2 号异常区对应运输巷 400～450 m、回风巷 370～450 m 范围，该区域呈现高吸收系数特征，同时投影曲线衰减剧烈，回风巷揭露 F-3 号断层，落差为 3 m，倾角 70°，运输巷揭露 F-3号断层，落差为 5 m，倾角 70°。断层贯穿采煤工作面，2 号异常区受该断层影响，会对回采造成较大影响。

6.3 薄煤层综采工作面采煤机定位定姿技术

采煤机定姿定位技术为自动化截割技术实施的关键辅助技术，同时为薄煤层自动化工作面的高效开采提供了一定的安全保障。实时并准确获得采煤机位置、姿态参数是薄煤层综采工作面自动化截割技术有效实施的基础与关键。将采集到的采煤机位置、姿态参数信息传输至支架电液控制系统集成的远程操作平台，作为采煤机自动截割技术实施的基本信息。

6.3.1 采煤机定位技术

采煤机定位技术的主要目的为获得采煤机相对薄煤层综采工作面的准确位置，主要依据红外线的定位原理实施，采煤机位置的监测为通过定位采煤机机身上某一固定点实现采煤机整个机身的定位，固定点常常选择为采煤机红外发射器的安装位置，依据固定点在工作面中的定位信息，根据采煤机结构尺寸解算出采煤机其他结构件相对工作面的位置信息。

通过在采煤机机身固定位置处安装红外发射器，在每台液压支架上安装一台红外接收器，如图 6-18 所示，采煤机红外发射器持续发射红外线，随着采煤机的移动，发射的红外线被对应位置处液压支架上的红外接收器接收。

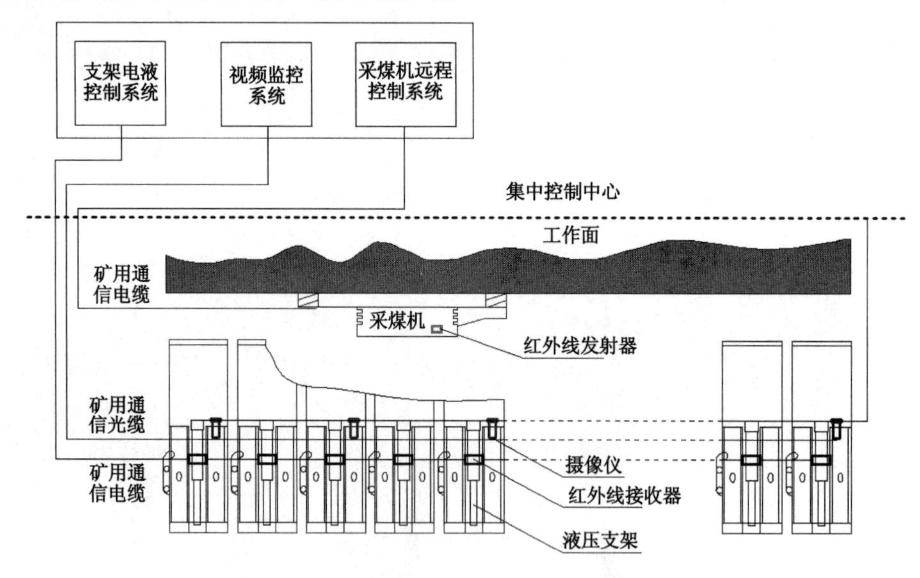

图 6-18 薄煤层工作面采煤机定位系统结构图

位置传感器根据采集的红外信号状况判断滚筒采煤机在工作面内的位置，红外接收器采集的红外信息利用矿用通信电缆分别传递给集中控制中心的支架电液控制系统和采煤机远程控制系统，工作面操作人员在巷道集中控制台能够实时观测到采煤机在工作面内的相对位置，控制台主机上显示的是采煤机位置处的液压支架编号，为采煤机的自动化控制提供必要的决策支撑。

自动化工作面采煤机除利用红外线定位以外，通过在采煤机机身上安装行程传感器监测采煤机在工作面内的行程，也能起到一定的采煤机定位功能。

6.3.2　采煤机定姿技术

采煤机定姿技术是采煤机工况参数的监控与反馈技术，本书特指对影响薄煤层自动化截割技术实施的采煤机工况参数进行监测，包括采煤机运行速度、前后滚筒摇臂采高、采煤机机身倾角、截割电流、采煤机动作状态（运行方向、加速、减速、启动、停止）等，监测的对象为采煤机滚筒、摇臂、截割电机、行走部等，采煤机定姿系统由硬件与软件两部分组成。

（1）硬件部分

定姿系统硬件设备由机载PLC控制箱及各类传感器构成，采煤机启停、运行速度控制及摇臂动作等均由机载PLC控制器控制，采煤机的工况参数由采煤机机身上安装的各类传感器采集并上传给机载PLC控制器，包括机身倾角传感器、电流互感器、速度传感器、温度传感器等。机载PLC控制器通过RS485通信接口与集中控制中心主机连接通信，将实时采集的采煤机工况信息传输至巷道集中控制中心的监控主机，如图6-19所示。

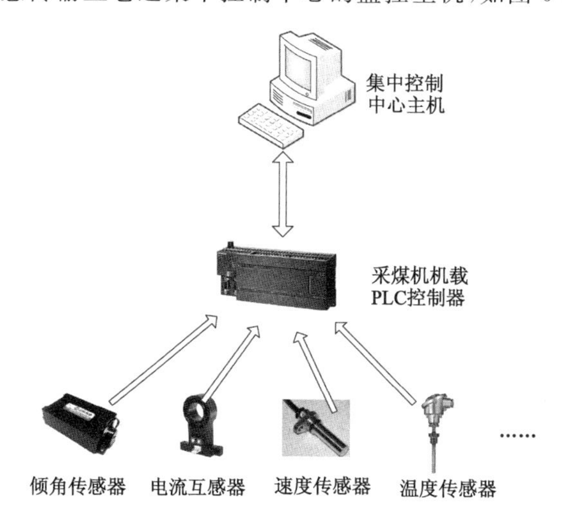

图6-19　采煤机定姿技术硬件系统结构图

（2）软件部分

依托"三机"协同监控软件，能够将采煤机的工况参数实时地显示在集中控制中心监控软件的主界面上，为用户提供良好的人机交互环境。"三机"协同监控软件是针对工作面采煤机、液压支架、刮板输送机工况参数监视与远程控制开发的协同控制与操作平台，控制软件主界面上显示工作面采煤机、液压支架及刮板输送机运行的工况参数，如图6-20(a)所示，本书针对采煤机的定位与定姿技术要求的采煤机工况参数监控部分进行重点阐述。

监控软件主界面能够真实显示采煤机运行的实际情况，显示界面内采煤机监控区域部分显示了采煤机运行时的工况参数，包括采煤机位置参数、牵引方向、牵引速度、截割电流、前后摇臂倾角、滚筒截割高度等，如图6-20(b)所示，采煤机位置为工作面第49架液压支架处，采煤机向右牵引，牵引速度为9.23 m/min，左右滚筒截割温度、电流也相应地显示在监控界面内。

监控软件对采煤机工况参数还具有超限报警功能，具备一定的采煤机故障诊断反馈控制功能，集中控制台技术人员根据工况参数的反馈信息及故障诊断信息远程控制采煤机的

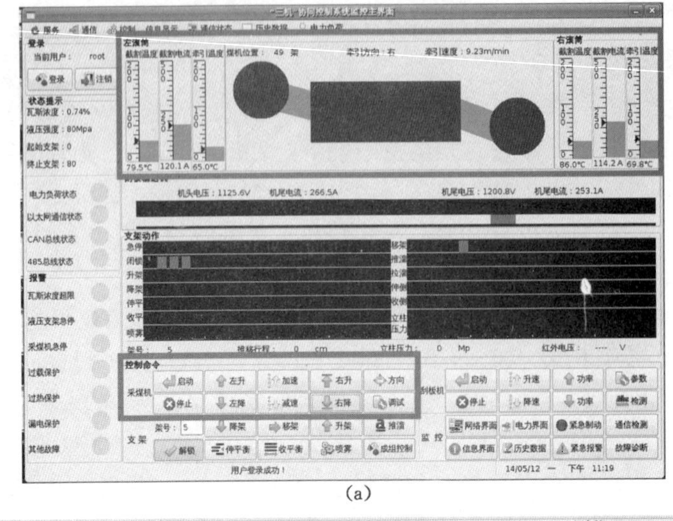

(a)

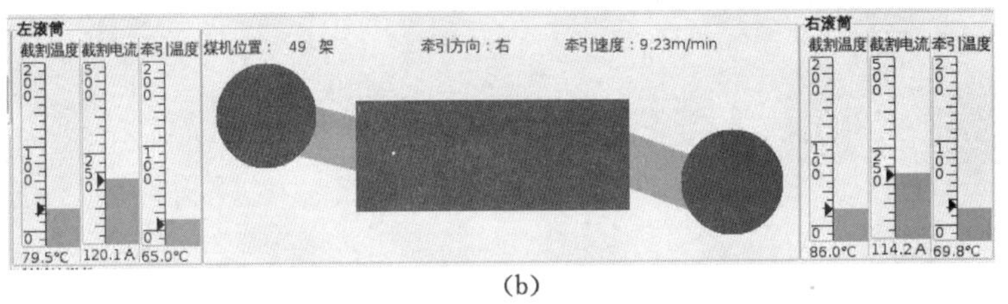

(b)

图 6-20 采煤机运行状态监视界面

(a) 软件主界面；(b) 采煤机监控部分

运行状态，及时对采煤机的工况进行调节，作出相应的处理措施，监控软件为操作人员提供良好的人机交互界面，用以自动化控制工作面采煤机的运转，具体的控制命令包括采煤机启停控制、速度控制、方向调整、摇臂高度调整等，如图 6-21 所示。

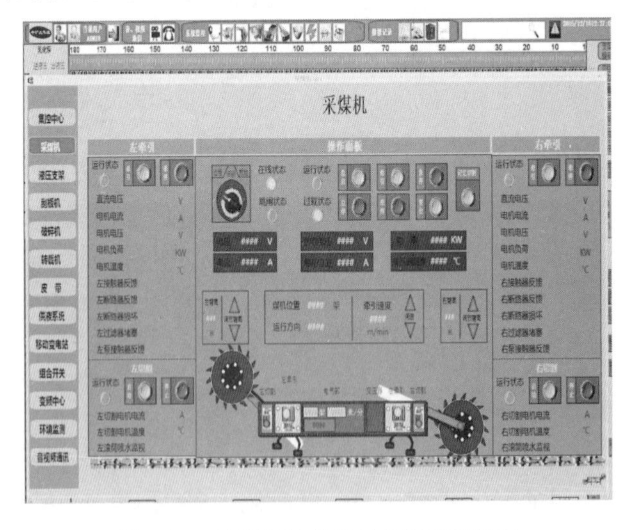

图 6-21 采煤机远程控制系统运行界面

自动化截割模式下，通过巷道集中控制中心向采煤机远程控制器发出采煤机控制指令，完成采煤机位置及姿态的调整，为自动化开采的有序进行提供必要的决策支撑。

6.4 薄煤层综采工作面视频监控技术

薄煤层自动化工作面要求地面调控中心及巷道集中控制中心能够实现对工作面环境的远程视频监控。通过视频监控系统的有效实施，实时再现工作面工况环境，为薄煤层综采工作面采煤机的准确定位定姿提供一定的辅助，能够及时发现误入自动化及智能化工作面危险区域的工人，为自动化工作面的高效开采提供安全保障。

6.4.1 工作面视频监控系统

综采工作面视频监控系统是针对作业环境恶劣、地质条件复杂多变的工作面而设计的视频监控系统，利用无线交换技术、流媒体处理技术构建的薄煤层综采工作面视频监控系统是薄煤层自动化综采关键技术体系的重要环节。

工作面视频监控系统分为工作面内视频监控及巷道集中控制中心视频监控。工作面内视频监控的主要任务为搜集工作面视频信号，将采集到的视频信号传输至工作面集中控制中心，用以显示在集中控制台的显示屏上。通过薄煤层综采工作面视频监控系统的合理设计，对工作面煤壁侧进行无盲区视频监控，实时获取工作面现场工况。

工作面视频监控系统主要由矿用本安型摄像仪、矿用本安型信号转换器及矿用隔爆本安型电源等设备组成，视频监控系统结构如图 6-22 所示。

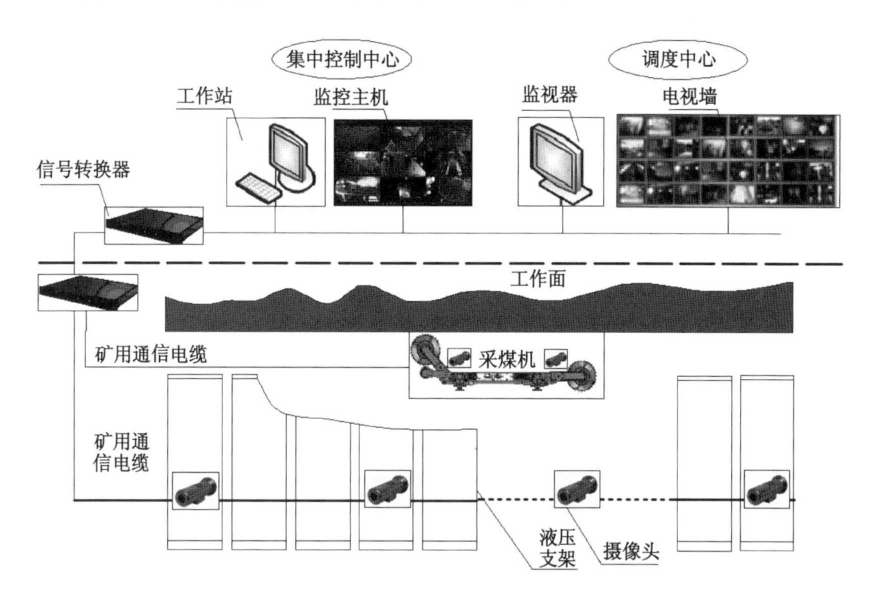

图 6-22 工作面视频监控系统结构示意图

滚筒采煤机前后摇臂各安装 1 台摄像仪，用于观察沿煤壁方向滚筒前方的工作面环境；工作面条件允许情况下，采煤机机身上靠近电缆拖拽装置附近安装 2 台摄像仪，用于观察电缆夹在电缆槽内的摆放情况、采集采煤机位置处的支架顶梁位置等。

为实现薄煤层综采工作面全长范围内的工作面环境的监测，通过在工作面液压支架分组布置摄像头，一般 3～6 架液压支架为一组，每组安装 1 台摄像头，通过合理调节摄像头安装位置、安装角度等，监测范围覆盖整个工作面。

工作面内摄像仪采集的视频信号利用通信电缆和通信光缆等经信号转换器转换，传输至集中控制中心的监视器，预设截割轨迹模式条件下，集中控制台操作人员根据工作面内上传的采煤机工况，对采煤机位置及姿态进行辅助调节，为预设截割轨迹的有效实施提供有利的技术支撑。同时，利用工业以太网、局域网等网络技术，将工作面视频信息上传至工作站，其他客户端也可通过网络技术实现工作面工况信息的浏览。

6.4.2 工作面视频拼接跟踪切换技术

薄煤层自动化开采系统中，采煤机利用自动化截割技术进行有序开采，集中控制平台内视频监控的图像界面应能实时显示采煤机的工况。液压支架摄像仪监测范围覆盖全长工作面，采煤机位置始终处于监测范围内，为实现工作面采煤机的高效自动化调度与决策，要求工作面视频监控技术应能够实现跟机切换图像界面，即视频监控界面应根据采煤机的位置信息进行实时切换，采煤机的工况信息应始终显示在视频监控系统的主界面上。

(1) 图像拼接技术

基于动态视频图像拼接技术，建立以监测采煤机工况为核心的大视角视频图像，实时再现采煤机位置处的工作面场景，将邻近摄像头录制的采煤机视频图像与前一处摄像头录制的采煤机视频无缝连接，让操作人员感受到自己如同在工作面内跟机操控采煤机，为自动化工作面采煤机的管理提供决策辅助手段。

(2) 视频跟机切换技术

薄煤层综采工作面空间狭窄，照明度差，粉尘浓度大，工作面内不宜铺设固定线路，通过无线通信技术与有线网络技术相结合的方法将工作面摄像仪采集的视频信号传输至工作面集中控制中心，并能够实现集中控制中心的图像显示界面跟随采煤机进行实时切换，借助工作面视频跟机切换技术，远程操作人员能够及时把握采煤机周围的工况参数，对采煤机的动作进行必要的远程干预。

工作面跟机视频切换系统主要包括工作面视频图像采集装置、采煤机定位装置及工作面视频跟机切换控制软件。通过工作面摄像仪采集工作面视频信号，在采煤机机身上安装2台无线摄像仪，工作面每隔3～6架液压支架安装1台摄像仪，并分别建立摄像仪与无线交换机之间的连接，利用信号转换器实现工作面视频的远距离传输。采煤机定位指利用采煤机机身上安装的红外发射器来实现工作面采煤机的定位，将定位装置采集的采煤机位置信号利用网络传输至巷道集中控制中心的防爆计算机，在视频跟机切换控制软件的作用下，实现视频图像跟随采煤机位置进行自动切换。

6.4.3 现场工业性试验

中煤集团唐山沟矿8812薄煤层工作面主采8#煤层，煤层厚度1.45～1.8 m，平均1.64 m，工作面正常开采期间采用全自动化薄煤层综采工艺模式。为实现对8812薄煤层综采工作面开采设备尤其是滚筒采煤机的全面监控，在工作面实施了薄煤层综采工作面视频监控技术。工作面每6架液压支架安装1台摄像仪，根据工作面实际情况，工作面摄像头安装在支架顶梁位置，安装角度为20°，安装位置距工作面煤壁2.9 m，摄像头监测范围能够覆盖整个工作面。

工作面自动化开采期间，实现了工作面监控视频画面的自动跟机切换，能够实时显示采煤机工况及工作面全长范围开采环境，分别显示在集中控制台的监视界面上，如图 6-23 所示。

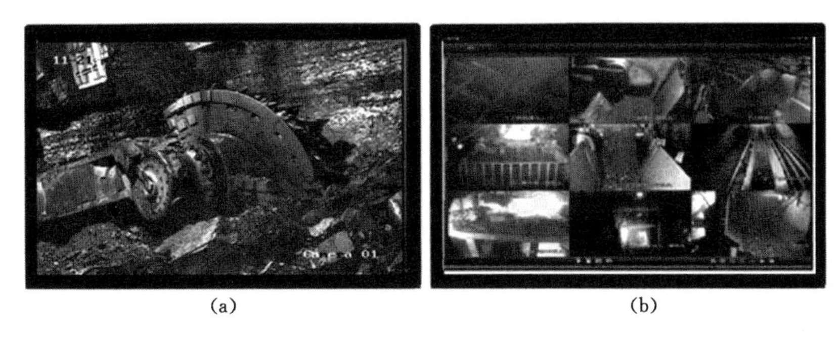

(a) (b)

图 6-23 薄煤层工作面视频监控系统应用效果图

(a) 采煤机跟机显示图像；(b) 工作面整体图像

6.5 薄煤层综采工作面围岩控制智能决策支持系统

6.5.1 围岩控制决策支持系统工作原理

支架压力数据、采煤机位置信息、支架位态信息以及活柱下缩量监测数据为综采工作面围岩控制智能决策支持系统工作的基本信息，通过在线采集或历史数据导入等方式进入决策支持系统后，首先对其进行工作循环识别，随后对每个工作循环计算包括初撑力、时间加权工作阻力、各承载阶段增阻速率在内的十几种特征参数，最后利用来压预测模型对综采工作面顶板来压进行预测预报。

基于决策树理论的来压预测模型实施的基本思路：首先选取用以衡量矿压显现程度的工作循环特征参数；在此基础上，通过决策树模型判断每台支架已完成工作循环的矿压显现程度指标，然后利用已完成工作循环的矿压显现程度指标结果进一步预测当前正在进行的工作循环的矿压显现程度指标；最后在对工作面来压状态进行分类的基础上，通过决策树模型判断沿工作面倾向所有支架的矿压显现程度指标的分布特征，进而实现工作面顶板来压预测。

为监测支架活柱下缩量数据，研制了相应的支架活柱下缩监测仪，由电源、传感器模块、传动机构、显示屏及数据采集存储器组成，并通过数据线进行信号传送。其基本工作原理是以角度传感器为转换装置，活柱的运动带动滚轮转动，将活柱的位移量转化为角度量，传感器将角度量转化为电信号，从而实现活柱位移的电测。安装时，滚轮紧贴二级活柱底端，底端固定于固定柱顶端，中间通过刚性连杆相连，连杆平行于固定柱中心线布置。通过弹簧向活柱方向提供一定的预紧力，使滚轮紧贴活柱，不产生滑动摩擦。为维持仪器稳定及安全性，在油缸上端设置导杆架，并在固定端设置安全轴。活柱下缩监测仪数据采集频率为 2 s/次，采用充电电源供电，充电一次可连续工作 15～20 d。针对单伸缩式和双伸缩式液压支架，可选用不同的连接结构：

(1) 对于单伸缩液压支架(图 6-24)，通过固定装置及摇臂将仪器固定，并通过相关连接件向活柱方向提供一定的预紧力，使滚轮紧贴活柱，不产生滑动摩擦。

(2) 对于双伸缩液压支架(图 6-25),滚轮紧贴二级活柱底端,底端固定于固定柱顶端,中间通过刚性连杆相连,连杆需平行于固定柱中心线布置。为维持仪器稳定及安全性,在一级活柱上端设置导杆架,并在固定端设置安全轴。

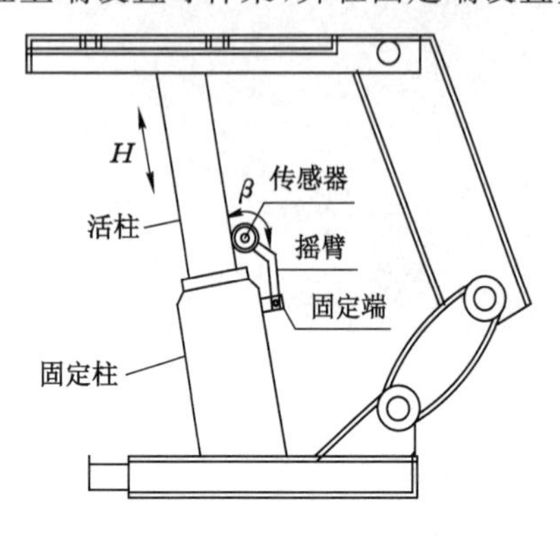

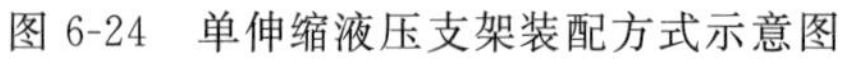
图 6-24　单伸缩液压支架装配方式示意图

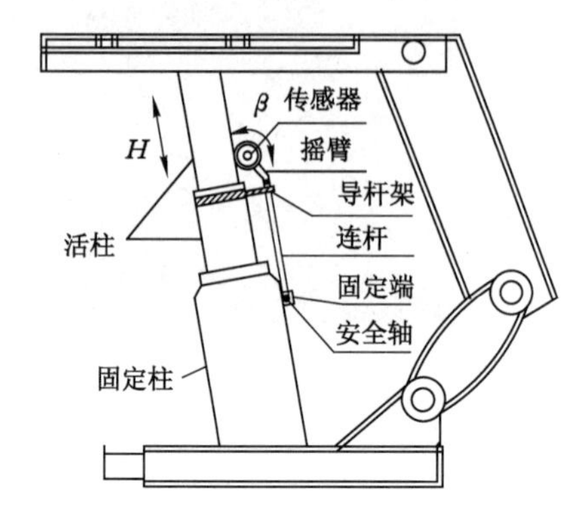

图 6-25　双伸缩液压支架装配方式示意图

6.5.2　现场工业性试验

(1) 来压预测预报

为验证薄煤层综采工作面围岩控制智能决策支持系统来压预报的准确性,在郭二庄矿 22204 工作面进行了现场工业性试验。22204 综采工作面共装备了 20 架(36# ～55# 支架)电液控制液压支架,考虑到综采工作面沿倾向顶板来压的不同步性和沿倾向来压特征的区域性,本次试验仅分析工作面 36# ～55# 支架间顶板的来压特征。

关于来压预报准确率的衡量方法,根据矿压理论对矿压历史数据按照传统方法进行分析,将来压分析结果与薄煤层综采工作面围岩控制智能决策支持系统的来压预报结果比对,即可判断来压预报准确率。可按下式计算:

$$p = \frac{N_p - N_f}{N_0} \tag{6-1}$$

式中　p——来压预报准确率,%;

N_p——正确预报来压次数;

N_f——误报来压次数;

N_0——实际来压次数。

观测期间工作面时间加权工作阻力工作循环平面图如图 6-26(a)所示,工作面在观测期间来压不明显,观测期间工作面(36# ～55# 支架区域)共来压 11 次。图 6-26(b)为薄煤层综采工作面围岩控制智能决策支持系统所判断的每台支架、每个工作循环的矿压显现程度。

工作面处于Ⅱ类来压状态时认为工作面存在潜在的来压可能性,工作面达到Ⅲ类或以上来压状态时则认为工作面即将来压,可发出来压预报;工作面来压预报准确率的计算以工作面达到Ⅲ类或以上来压状态的时间为依据。观测期间工作面平均在实际来压前 4.6 h 达到Ⅱ类来压状态;薄煤层综采工作面围岩控制智能决策支持系统共发出来压预报 11 次,其中 2 次预报时间稍晚于实际来压时间,9 次预报时间早于实际来压时间,平均预报时间为 3 h。

22204 工作面实际来压时间及来压步距与预报来压情况对比,如图 6-27 所示。

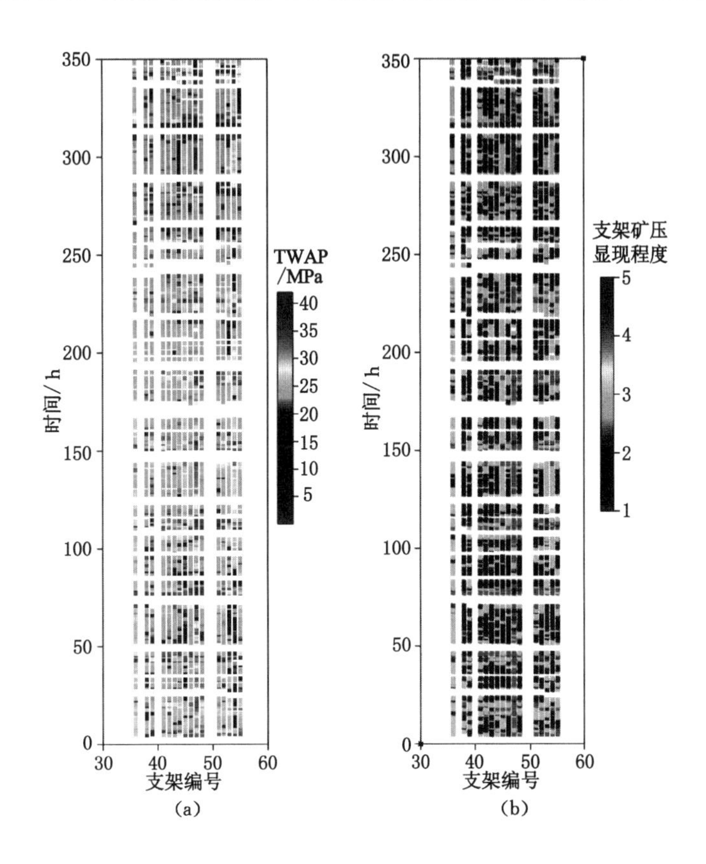

图 6-26 工作循环平面图

(a) 时间加权工作阻力；(b) 矿压显现程度

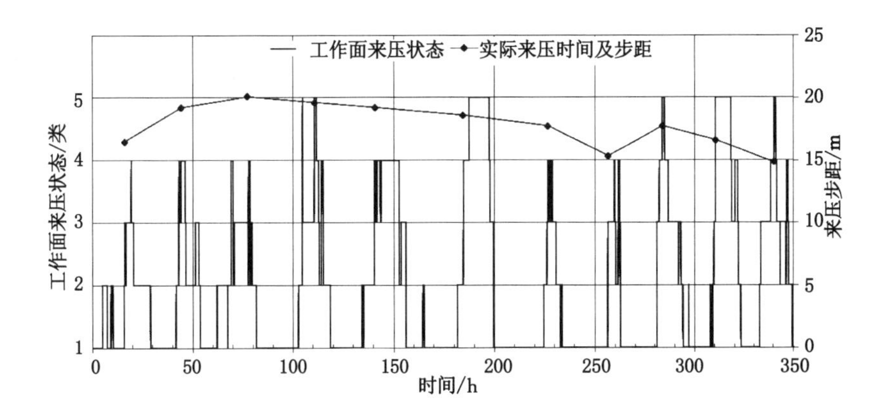

图 6-27 工作面实际来压与预报来压情况对比

将以上结果代入来压预报准确率公式计算可知，系统来压预报的准确率为 82%，详情见表 6-2。

表 6-2　　　　工作面实际及预报来压情况

实际来压情况			预报来压情况				
周期来压次序	实际来压时间 t_0/h	平均步距 L/m	达到Ⅱ类时间 t_1/h	与实际来压时间差 Δt_1/h	达到Ⅲ类或以上时间 t_2/h	与实际来压时间差 Δt_2/h	是否准确预报
1	16.1	16.5	15.8	0.3	16.1	0.0	否
2	44.2	19.25	41.6	2.6	42.6	1.6	是
3	77.3	20.125	62.3	15.0	69.0	8.3	是
4	110.7	19.625	102.7	8.0	104.6	6.1	是
5	140.7	19.25	134.4	6.3	140.1	0.6	是
6	184.5	18.625	181.7	2.8	184.6	−0.1	否
7	226.9	17.75	224.8	2.1	226.3	0.6	是
8	256.6	15.375	255.6	1.0	256.3	0.3	是
9	283.9	17.75	281.1	2.8	281.2	2.7	是
10	310.5	16.625	307.8	2.7	309.5	1.0	是
11	340.3	14.875	333	7.3	333.6	6.7	是

(2) 综采工作面活柱下缩量监测

活柱下缩监测仪采集的原始数据为角度值，可通过下式计算得出液压支架活柱的位移值：

$$L = -(\alpha_2 - \alpha_1)/(360C) \tag{6-2}$$

式中　α_2, α_1——不同时间段的角度值；

C——传感器滚轮周长，取 200 mm。

以 45# 支架在 20～45 h 的监测数据为例(图 6-28)，可以看出在支架移架过程中，活柱长度变化明显，可以清楚显示降架和升架的过程，同时可以看出在支架阻力升高的过程中活柱有缓慢下缩的趋势。

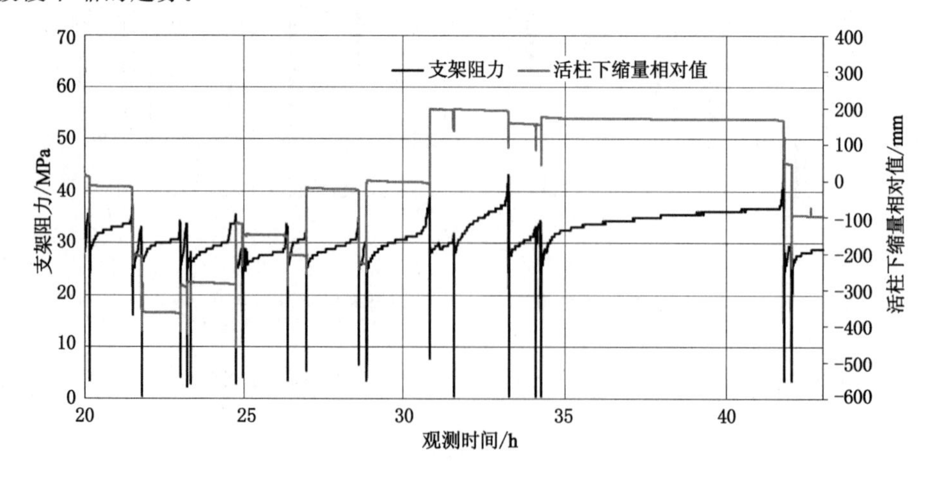

图 6-28　活柱下缩量相对值与支架阻力对应关系

由图 6-28 可知，支架活柱下缩监测仪可以监测到支架承载过程中微小的立柱位移，监测仪的系统稳定性、灵敏度及测量精度满足综采工作面液压支架活柱下缩监测的需要。

6.6 薄煤层综采工作面瓦斯超限防控技术

高瓦斯煤层群开采过程中，经常发生工作面瓦斯超限问题，造成工作面停机停产，严重威胁工作面的人员安全，影响工作面生产效率。同时，由于薄煤层开采条件的限制，进一步加剧了解决工作面瓦斯超限问题的难度。因此，解决工作面瓦斯超限问题，尤其是薄煤层开采条件下的瓦斯超限问题，对于提高矿井安全生产水平，保证矿井安全高效生产，具有重要的研究价值与实用意义。

综采工作面开采期间，采煤机截割速度需要参照工作面开采参数、地质条件等进行实时调整，研究截割速度的自适应调节策略对于实现薄煤层综采工作面的自动化开采很有必要。本节重点研究基于工作面瓦斯浓度反馈的截割速度自动调节策略，用于解决高瓦斯薄煤层综采工作面瓦斯浓度超限的技术难题。

6.6.1 基于工作面瓦斯浓度反馈的截割速度调节策略

影响工作面瓦斯浓度变化的因素多种多样，包括工作面割煤速度、工作面供风量、采空区漏风量等[94]。本书重点研究通过优化工作面割煤速度的调节策略实现对工作面瓦斯浓度的控制及基于瓦斯浓度监测反馈的薄煤层自动化综采工作面割煤速度自动调节技术。

（1）工作面瓦斯浓度与割煤速度关系

工作面瓦斯浓度为工作面内瓦斯占空气体积的比例，表示为工作面绝对瓦斯涌出总量占工作面风量的百分比。工作面绝对瓦斯涌出总量包括煤壁绝对瓦斯涌出量、落煤绝对瓦斯涌出量、采空区绝对瓦斯涌出量及邻近层瓦斯涌出量。受采煤机割煤速度的影响，工作面绝对瓦斯涌出总量呈现一定的随机性与不确定性，难以利用精确的数学公式进行表达。

以华晋焦煤有限责任公司沙曲矿 22201 工作面实际条件为工程背景，22201 工作面是沙曲矿北二采区 2 号煤的保护层首采工作面，主采 2# 煤层，煤层厚度 0.7～1.46 m，平均 1.1 m，设计采高 1.6 m(割顶 0.5 m)，煤层平均倾角 4°，为典型的薄煤层自动化综采工作面，工作面走向长度约 1 538 m，倾向长 150 m，工作面地质构造相对简单，工作面标高 ＋396～＋486 m，工作面绝对瓦斯涌出量为 38.45 m^3/min，煤层瓦斯压力 0.92 MPa，瓦斯含量 10.65 m^3/t。工作面配套 MG2×150/700—WD1 型双滚筒采煤机，ZY3600/07/14.5D 型两柱掩护式液压支架，具备电液控制功能。

现场通过调整采煤机割煤速度，观测了工作面采煤机截割位置及上隅角瓦斯浓度的变化特征，并绘制了工作面瓦斯浓度与割煤速度的关系曲线，如图 6-29 所示。

结果表明：割煤速度在 0～6 m/min 范围内，采煤机截割位置及上隅角瓦斯浓度与割煤速度基本呈正相关关系，在一定程度上，通过调节割煤速度能够实现瓦斯浓度的控制，反之，通过瓦斯浓度的监测反馈实现采煤机割煤速度的自动调节也是可行的[95]。为此，本书提出了基于瓦斯浓度监测反馈的薄煤层自动化综采工作面采煤机割煤速度自动调节技术，为高瓦斯薄煤层工作面采煤机的自动化远程控制提供了良好的技术思路[96]。

现场通过调节采煤机割煤速度，分别为 6 m/min，5 m/min，4 m/min，3 m/min，2 m/min 时，观测采煤机向上隅角截割过程中上隅角的瓦斯浓度变化特征，结果如图 6-30

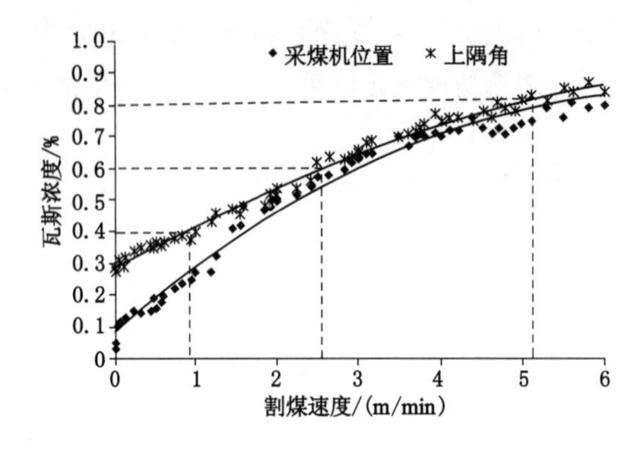

图 6-29　瓦斯浓度与割煤速度关系图

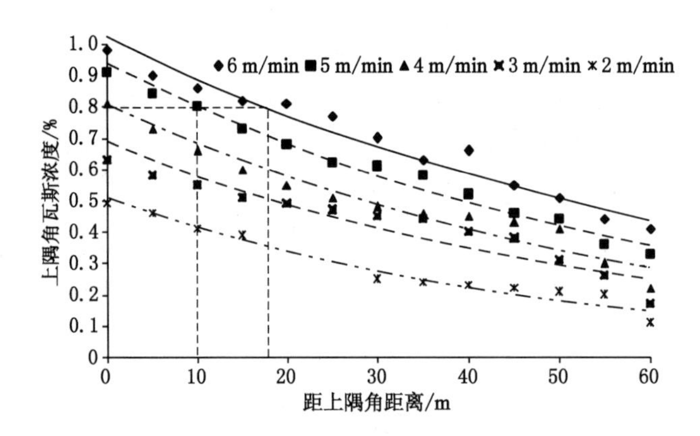

图 6-30　上隅角瓦斯浓度与采煤机距上隅角距离关系图

所示,图中距上隅角距离表示滚筒采煤机前滚筒中心距工作面上隅角的距离。

结果表明:正常回采过程中,随采煤机逐渐向上隅角位置靠近,上隅角瓦斯浓度逐渐增加,当采煤机运移至上隅角位置时,上隅角瓦斯浓度达到最大值;距上隅角距离相同时,上隅角位置瓦斯浓度与割煤速度基本呈正相关关系。因此,通过监测采煤机相对上隅角位置实时调节采煤机割煤速度实现上隅角瓦斯浓度的控制是可行的。

(2) 基于瓦斯浓度监测反馈的割煤速度自动调节技术

现场测试的结果表明,上隅角瓦斯浓度始终高于采煤机截割位置处瓦斯浓度,为此,工作面瓦斯浓度的控制及监测应以上隅角为主。通过在薄煤层综采工作面上隅角布置 1 个瓦斯监控分站,用以监测薄煤层综采工作面上隅角的瓦斯浓度,将瓦斯监控分站接入至井下工作面监控网络系统,将采集的瓦斯浓度数据通过工作面电液控制系统的综合接入器实时地传输至工作面集中控制平台,集中控制主机依据上隅角瓦斯浓度大小进行远程控制采煤机截割速度,如图 6-31 所示,同时,根据工作面采煤机定位系统实时监测的采煤机相对上隅角位置,对采煤机割煤速度也进行相应的调整。

利用上隅角瓦斯浓度监测反馈自动控制采煤机截割速度,关键在于工作面瓦斯浓度阈值的合理确定。上隅角瓦斯浓度阈值包括低位阈值、中位阈值及高位阈值,当上隅角瓦斯浓度远低于低位阈值时,适当提高采煤机截割速度;当上隅角瓦斯浓度位于低位阈值与中位阈值区间内,保持采煤机截割速度进行截割;当上隅角瓦斯浓度位于中位阈值与高位阈值区间

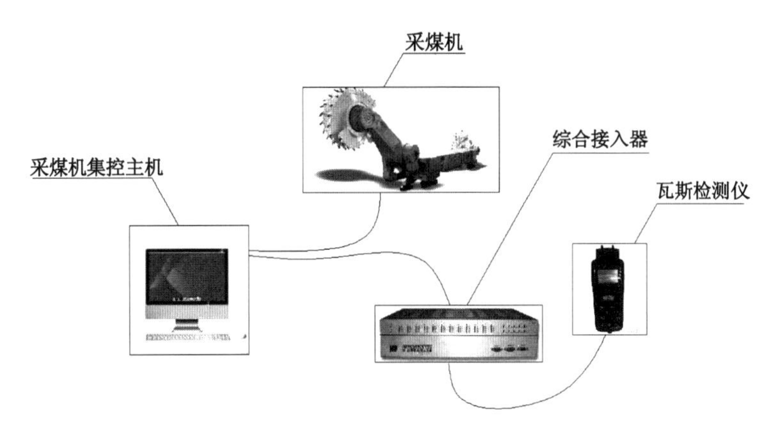

图 6-31 基于瓦斯浓度监测反馈的割煤速度自动调节系统

内，适当降低采煤机截割速度；当上隅角瓦斯浓度超过高位阈值时，即刻停止采煤机截割。上隅角瓦斯浓度高位阈值过小，一定程度上会限制薄煤层综采工作面的快速推进，上隅角瓦斯浓度高位阈值过大，会增加自动化综采工作面瓦斯超限的概率，在设置上隅角瓦斯浓度阈值时，应保留一定的安全富余系数，一般取 0.8%～1.0%。

6.6.2 瓦斯超限防控技术实施效果

华晋焦煤有限责任公司沙曲矿 22201 工作面正常回采期间采用基于瓦斯反馈控制的采煤机割煤速度自动调节技术，工作面瓦斯浓度低位阈值设置为 0.4%，中位阈值为 0.6%，高位阈值为 0.8%，根据实测的瓦斯浓度与割煤速度关系，对基于瓦斯浓度反馈的割煤速度进行了超前预设，见表 6-3。

表 6-3　　22201 工作面瓦斯浓度反馈控制的割煤速度表

上隅角瓦斯浓度/%	割煤速度/(m/min)
<0.4	2.5～5.0
0.4～0.6	1.0～2.5
0.6～0.8	0～1.0
>0.8	0

根据采煤机的定位信息对截割速度的调节策略为：当采煤机前滚筒位置距上隅角 18 m 左右，即采煤机前滚筒运移至工作面第 87 架液压支架位置附近时，采煤机截割速度不大于 6 m/min；当采煤机前滚筒位置距上隅角 10 m 左右，即采煤机前滚筒运移至工作面第 92 架液压支架位置附近时，采煤机截割速度不大于 5 m/min。利用采煤机的位置信息反馈控制截割速度应作为瓦斯监控反馈控制截割速度的辅助手段，对瓦斯的控制起到一定的辅助作用。

沙曲矿 22201 工作面自 2011 年 12 月 9 日开始试采，截至 2012 年 1 月 17 日，工作面推进约 55 m，试采期间工作面瓦斯超限问题时有发生，且工作面推进速度缓慢，平均日产量仅 660 t，工作面及回风巷平均瓦斯浓度分别为 0.18%，0.37%。

自实施基于上隅角瓦斯浓度反馈的截割速度调节技术以来，截至 2012 年 3 月 24 日，工作面推进了 192 m，推进速度得到明显提高，工作面平均日产量增加至 1 077 t，增加了 63%，工作面及回风巷平均瓦斯浓度相应增加到 0.26%，0.51%，期间未发生瓦斯超限问题。22201 工作面瓦斯监测反馈控制截割速度技术的实施效果如图 6-32 所示。

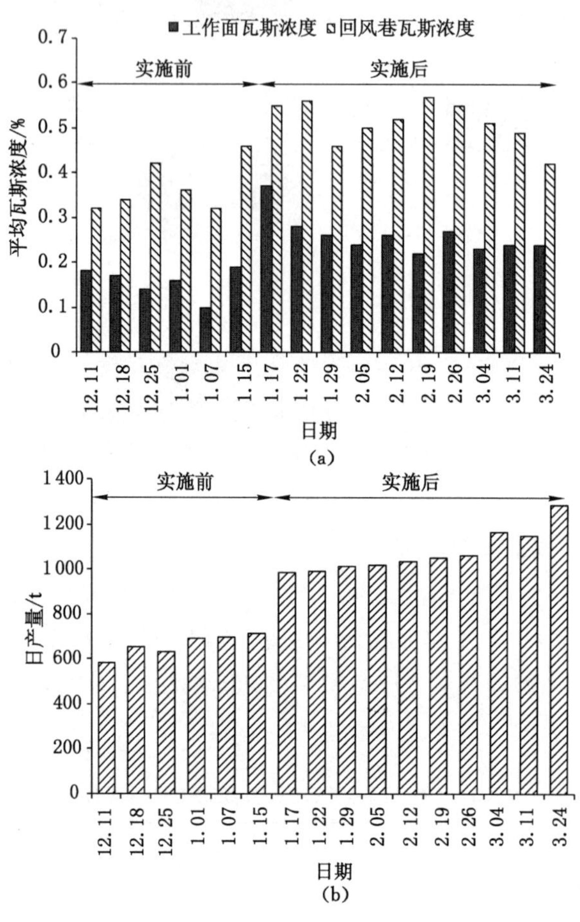

图 6-32　截割速度自动调节技术实施效果

(a) 瓦斯浓度；(b) 工作面日产量

基于瓦斯浓度监测反馈的采煤机截割速度自动调节技术较好地控制了工作面瓦斯超限频率，同时实现了薄煤层工作面采煤机截割速度的自动控制，很好地解决了高瓦斯薄煤层自动化开采中的采煤机远程控制及瓦斯治理问题。同时，通过瓦斯浓度监测与截割速度调节的联动，为分析高瓦斯薄煤层综采工作面瓦斯浓度与截割速度的关系提供了基础资料，为自动化薄煤层综采工作面截割速度的确定提供了科学依据，为薄煤层自动化工作面的安全高效开采提供了有力保障。

6.7　薄煤层综采工作面生产系统集控技术

薄煤层综采工作面生产系统集控系统所涉及的设备包括采煤机、液压支架、刮板输送机、胶带运输机、泵站、组合开关、变频中心及移动变电站等。通过使用综采工作面集成控制系统能够达到对薄煤层工作面所有综采设备的集成监控，使井下不同的综采设备有机结合在一起，所有数据通过同一软件平台汇总进行处理，各个设备之间形成有效联动，保障工作面、巷道正常有序开采。同时，薄煤层综采工作面集控系统具备数据分析监控功能，当有设备运行数据超出正常范围后，集控系统能够根据之前的参数设定进行相应控制功能，包括减速、停机等保护设备安全运行的动作，能够及时有效降低生产过程中出现突发情况对综采设备的损伤，而且控制指令通过软件系统直接执行，减少了人为控制过程中的延时及错误控制问题，能够做到精确、及时、有效地保护综采设备运行。

薄煤层综采工作面生产系统集控克服了工作面、回采巷道系统装备集中控制中的数据融合处理和故障诊断分析难题，提高了薄煤层装备的智能化控制及预警保障能力。

通过综采工作面集控系统能够汇总工作面所有综采设备的运行数据，并且能够在集控中心主机进行存储、备份；所有运行数据能够通过矿井环网上传到地面调度中心，通过地面调度中心大屏幕进行投影显示，地面提供大容量数据存储服务器，能够安全有效地存储所有井下设备数据，方便人员查询并进行数据分析。

鉴于薄煤层工作面所集成设备数量较多，同时参考井下设备控制标准，故设计使用两台集成控制主机进行远程控制及显示，其中，主控主机主要作为采煤机、支架及回采巷道三机的监控主机，主要功能为对采煤机进行远程控制，同时监测采煤机各电机运行状态，采煤机位置以及采煤机附近的支架状态，并且回采巷道三机的开启、停止也是采煤机开停的先决条件；另外一台集控主机作为辅助监控主机，主要功能为监测胶带、泵站、组合开关及移动变电站工作状态。两台集控主机获取相同的数据，能够同时对设备运行数据进行备份，主控、辅控能够迅速切换，保障井下设备有效监控；但是两台集控主机分工有区别，此方式的目的是为了更好为井下人员提供可靠操作依据。

薄煤层综采工作面集中控制系统主要包括：

(1) 回采巷道监控系统：建立回采巷道监控中心，通过工业以太网实现对主要生产设备工况和生产过程的实时在线监视，通过操作台和视频显示实现对生产设备的远程控制，并能实现数据上传。

(2) 液压支架支护质量综合监测保障系统：实时监测和显示液压支架的工作姿态，实时监测和显示工作面支架和超前支护的压力参数，实现对支架歪斜、倒架、挤架、扭曲度、不规则受力、疲劳度、压力超限、初撑力不足、顶板周期来压步距等现象与趋势进行预警，达到提高支架支护质量和提高支护效率的目的。

(3) 采煤机回采巷道控制系统：实现对采煤机的工况监测、远程控制及信号采集与上传。

(4) 三机动力部数据监测子系统：实现对前后部刮板输送机、转载机、破碎机各个动力部运行参数的监测。减速器监测点包括轴承温度、润滑油油温，冷却水流量、温度；电动机监测点包括定子绕组、转子轴承温度，以实现对减速器、电动机的实时监测，并实现数据上传。

(5) 工作面语音通信控制系统：实现对刮板输送机、转载机、破碎机的控制，运行数据的采集、工作状态的监测与数据上传，以及起停预告、故障报警等。

(6) 泵站集成供液系统：实现对工作面泵站数据的采集、控制和通信上传。

(7) 供电控制系统：实现对工作面移变、组合开关等电气设备运行数据的实时监测，保证工作面电网的稳定性和可靠性。

(8) 工作面喷雾降尘系统:实现减少煤尘对工人健康的危害,降低重大安全隐患。

(9) 回采巷道胶带运输机控制系统:实现胶带运输机的集中控制和综合保护,实现对胶带运输机运行数据的采集、工作状态的监测与数据上传,以及起停预告、故障报警等。

综采工作面自动化集中监控系统组成结构如图6-33所示。

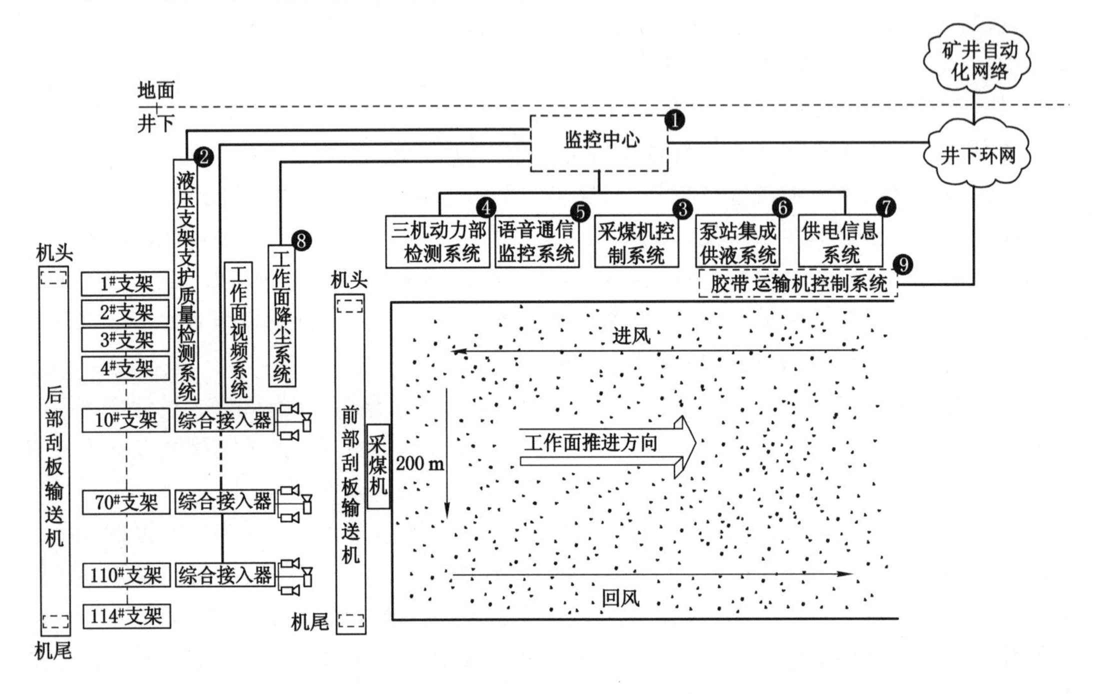

图6-33 薄煤层综采工作面自动化集中监控系统组成结构

工作面集中控制系统主要实现对工作面三机及胶带运输机、泵站的集中控制。

(1) 采煤机远程控制:依据采煤机主机系统及工作面视频,通过操作采煤机远程操作台实现对采煤机的远程控制;远程控制功能仅限于采煤机的截割启停、牵引控制和停机远程控制。

(2) 工作面输送机、转载机、破碎机集中自动化控制:具有对刮板输送机、转载机、破碎机的单设备起停控制功能;具有对刮板输送机、转载机及破碎机等设备的集中控制功能;具有刮板输送机、转载机、破碎机开关状态显示功能,包括各个回路运行状态、电流大小、电压大小以及漏电、断相、过载等故障状态显示等。

(3) 工作面泵站集中自动化控制:具有对泵站的单设备起停控制功能;根据泵站出口压力变化,具有多台泵站的联动控制功能;具有对泵站系统的数据采集,对泵站系统的运行状态进行集中显示功能;具有急停闭锁功能。

(4) 回采巷道胶带运输机自动化控制:具有对胶带运输机的起停控制功能;具有对胶带运输机运行数据、运行状态的采集和显示功能;具有急停闭锁功能。

(5) 自动化控制:具有"自动化"工作模式,通过"一键"启停按键启动工作面综采设备全自动化,包括采煤机、刮板输送机、转载机、破碎机、回采巷道胶带运输机和泵站的逆煤流顺序启动和顺煤流顺序停止控制。

7 薄煤层自动化综采工艺模式

作为薄煤层综采工艺决策支持系统的重要组成部分，自动化综采工艺模式取得了长足的发展，衍生出三类自动化开采工艺模式：记忆切割自动化综采工艺模式、预设截割轨迹自动化综采工艺模式及煤岩界面识别自动化综采工艺模式，其中，记忆切割技术与预设截割轨迹技术为分别针对简单地质条件与复杂地质条件开发的薄煤层自动化割煤技术，煤岩界面识别技术属于智能化截割技术的范畴，多样化的自动化综采工艺模式极大地丰富了我国薄煤层自动化综采工艺的决策策略。

本章重点围绕自动化综采工艺模式，针对自动化割煤技术、自动化移架技术及“三机联动”控制技术进行详细论述，研究结论对完善薄煤层自动化综采工艺决策支持系统具有重要的现实意义。

7.1 记忆切割自动化综采工艺模式

记忆切割自动化综采工艺模式即采用记忆切割技术实现薄煤层自动化开采的综采工艺模式，为薄煤层自动化开采中应用最早、发展最为成熟的自动化工艺模式，适用于地质条件相对简单的薄煤层综采工作面。

7.1.1 记忆切割工艺模式工作原理

记忆切割技术是目前薄煤层自动化综采工作面最为常用的自动化截割技术。记忆切割为人工控制采煤机沿工作面煤层先割一刀作为示范刀，控制中心将示范刀内采煤机位置及姿态信息进行记录与存储，在工作面正常开采期间，截割流程由示范刀揭示的采煤机控制指令根据行程传感器采集的采煤机位置进行自动控制，当遇煤岩界面异常点时，采煤机司机根据工作面视频监控系统反馈的信息进行煤岩界面的识别，并对采煤机工况参数进行及时修正，经修正完善的采煤循环作为记忆切割自动化开采新的示范刀，如图 7-1 所示。

记忆切割技术实施过程中，记忆参数是由示范刀信息揭露获得的，薄煤层综采工作面地质条件复杂多变，需要频繁更新示范刀的信息实现记忆切割，因此，记忆切割技术对地质条件的适应性相对较差，仅适用于煤层顶底板相对平整、煤层倾角和煤层厚度变化小的薄煤层工作面。记忆切割技术实施的工作流程如图 7-2 所示。

记忆切割过程中，采煤机远程控制中心根据采煤机行程传感器采集的采煤机行程，对应示范刀中的采煤机工况信息对采煤机前后滚筒的参数进行记忆调整，同时，借助工作面采煤机定位定姿系统及视频监控系统对记忆截割自动化截割参数进行必要的辅助决策。

7.1.2 记忆切割工艺模式工程应用

中煤集团唐山沟煤矿 8812 工作面主采 8# 煤层，煤层厚度 1.45～1.8 m，平均 1.64 m，

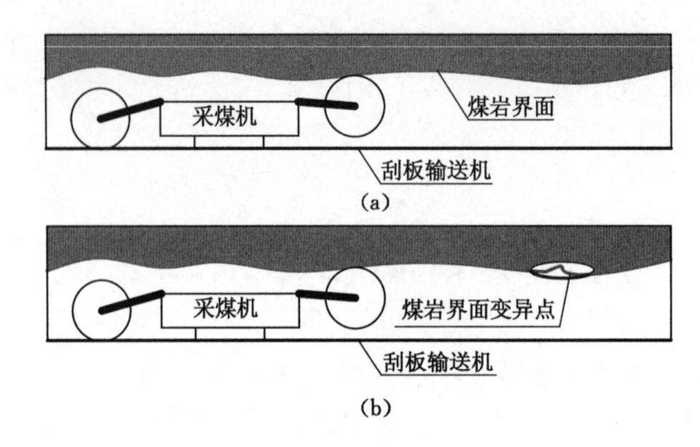

图 7-1 采煤机记忆截割技术示意图

(a) 示范刀，学习记忆；(b) 自动割煤、人工修正并记忆

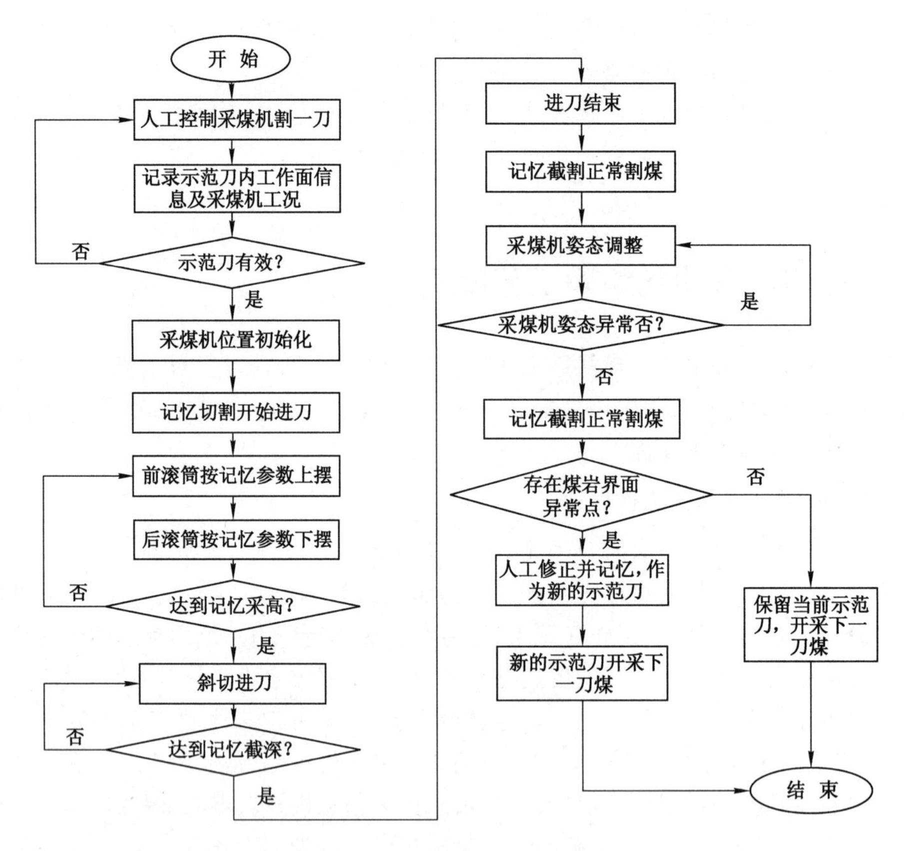

图 7-2 记忆切割技术工作流程

煤厚稳定，工作面选用 MG2×160/710—AWD 型滚筒采煤机，工作面采用记忆切割自动化综采工艺模式。

自动化工作面开采期间，辅助采煤机定姿定位技术及工作面视频监控技术，成功实现了工作面采煤机的记忆切割功能，并实现了斜切进刀割三角煤、清理浮煤等工序的自动控制，整个自动化工作面开采期间，滚筒采煤机自动化运行平稳，故障率控制在 3%～5%，记忆切割自动化开采实施效果良好。

当遇煤厚变化异常区、构造发育区等复杂地质条件，记忆截割工艺模式无法按照记忆的参数进行有效实施，降低了薄煤层自动化工作面的开采效率。针对记忆切割技术适应性差的技术难题，本书提出了复杂条件薄煤层综采工作面预设截割轨迹自动化开采工艺模式，用以实现复杂地质条件下薄煤层综采工作面的自动化开采，提高自动化综采工艺的适应性及稳定性，为复杂条件下薄煤层自动化开采提供决策支持。

7.2 预设截割轨迹自动化综采工艺模式

预设截割轨迹技术适用于地质条件相对复杂、构造发育、煤厚变化相对较大的薄煤层综采工作面。根据复杂条件薄煤层综采工作面自动化开采的技术特点，重点探讨制约自动化开采的关键技术难点：

(1) 受薄煤层综采工作面煤厚变化大、煤岩界面起伏不均匀的影响，自动化开采过程中采煤机难免割顶或割底，增加了薄煤层综采工作面原煤含矸率，加剧了薄煤层开采经济效益差的窘境。

(2) 工作面内的断层、褶皱等构造的赋存是影响薄煤层安全高效开采的关键地质条件，自动化综采工作面过构造期间，截割路径选择不合理，容易造成工作面割岩量的增加，甚至带来安全隐患，地质构造区域采煤机割煤轨迹的合理选择对于降低薄煤层工作面过构造区域采煤机割岩量、提高自动化开采的效率具有重要意义。

针对以上技术难点，提出了两种薄煤层预设截割轨迹自动化开采模式，分别为：

(1) 薄煤层煤厚变化带预设截割轨迹自动化开采模式；

(2) 薄煤层地质构造带预设截割轨迹自动化开采模式。

7.2.1 薄煤层煤厚变化带预设截割轨迹自动化开采模式

薄煤层煤厚变化带预设截割轨迹工艺模式实施的基础信息为薄煤层工作面煤厚变化的超前勘探信息，通过建立工作面煤厚分布的特征函数，为截割轨迹预设提供基础参数。为此，本书提出了基于CT超前勘探的薄煤层煤厚变化带预设截割轨迹自动化综采工艺模式。

自20世纪80年代引入地学领域以来，CT探测技术在地质勘探方面取得了广泛的应用，并取得了良好的应用效果。CT探测技术是根据探测物外部的测量数据对物体内部的物理量进行反演并得到清晰分布图像的技术，属于薄煤层自动化综采工艺的安全保障技术。目前，用于工作面地质异常体的CT探测技术主要有地震波CT[97]、电磁波CT探测技术等。

(1) 地震波CT探测技术

地震波CT透射法探测以探测范围大、方法灵活、解析容易、准确率高(≥85%)的优势在薄煤层工作面煤厚变化特征勘探方面具有良好的应用前景[98,99]。

以郭二庄矿22204薄煤层综采工作面实际条件为例，对地震波CT探测技术的应用进行说明。22204工作面采用自动化开采工艺，工作面主采2号煤层，煤层结构简单，掘进期间工作面揭露多处薄煤带，工作面煤厚变化较大。煤厚异常区为影响薄煤层综采工作面自动化高效回采的重要地质因素，探明地质异常体的分布特征成为自动化工作面安全高效回采的前提。

将采集到的数据利用CT成像处理技术，得到探测区域槽波传播的慢度分布特征，根据“慢度—煤厚”关系，将探测的慢度转换为工作面煤厚，得到22204工作面探测区域煤厚的分布，如第 6 章图 6-9 所示。

(2) 煤厚变化异常区截割轨迹预设

工作面采煤机截割轨迹预设所需的信息包括工作面煤层厚度及顶底板起伏变化特征，顶底板起伏特征通过地质勘探获得，本书不再赘述。将地震波 CT 超前勘探的薄煤层综采工作面煤层厚度变化信息储存至工作面采煤机截割控制器中，预生成工作面煤厚变化带三维信息图，如图 7-3 所示。

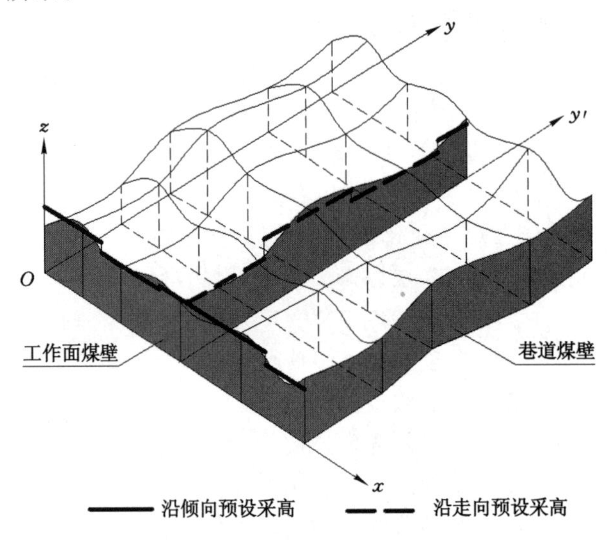

图 7-3　煤厚变化带预设截割轨迹示意图

将工作面煤厚变化带三维信息传递给采煤机截割高度控制器，截割高度控制器是采煤机截割轨迹预设的控制设备，负责控制采煤机截割高度的远程控制及就地控制。兼顾薄煤层综采工作面原煤含矸率及自动化实施效果[100]，对薄煤层煤厚变化异常区内采煤机的截割轨迹进行优化，提出了薄煤层"浮动采高"预设截割轨迹自动化割煤技术，即沿工作面倾向及走向两个方向，随着工作面的推进，依据薄煤层煤厚变化分区域进行预设采高，截割高度控制器根据预设的截割高度实时调整采煤机滚筒达到采煤机自动化截割的目的。

薄煤层煤厚变化带"浮动采高"预设截割轨迹自动化开采流程如图 7-4 所示，"浮动采高"割煤技术的实质为采高的实时调整。"浮动采高"预设截割轨迹技术实施过程中，采煤机截割高度随采煤机位置频繁变化，参照工作面预设采高的变化规律，工作面实际截割高度需要实时进行调节。

"浮动采高"预设轨迹截割技术实施前，选择采煤机前滚筒中心为基准点，作为采煤机定位的参考点，根据采煤机的结构特点及浮动采高参数，确定随采煤机位置变化采煤机前后滚筒的工作参数。"浮动采高"预设轨迹实施过程中，通过参考采煤机行程传感器的反馈信息，对采煤机前后滚筒进行自动化控制。"浮动采高"截割轨迹预设的信息基础为 CT 探测揭露的薄煤层综采工作面煤层厚度数字化模型，实现薄煤层自动化截割还需要辨别工作面煤层顶底板起伏特征，只有在煤层厚度与顶底板起伏特征信息完整的情况下，才能有效实施预设截割轨迹的自动化开采，为此，通过利用可视化视频监控系统对采煤机前后滚筒的工况及开采环境进行实时监控，在一定程度上实现滚筒截割位置处的煤岩界面识别，为薄煤层综采工作面"浮动采高"预设截割轨迹自动化割煤提供决策辅助。

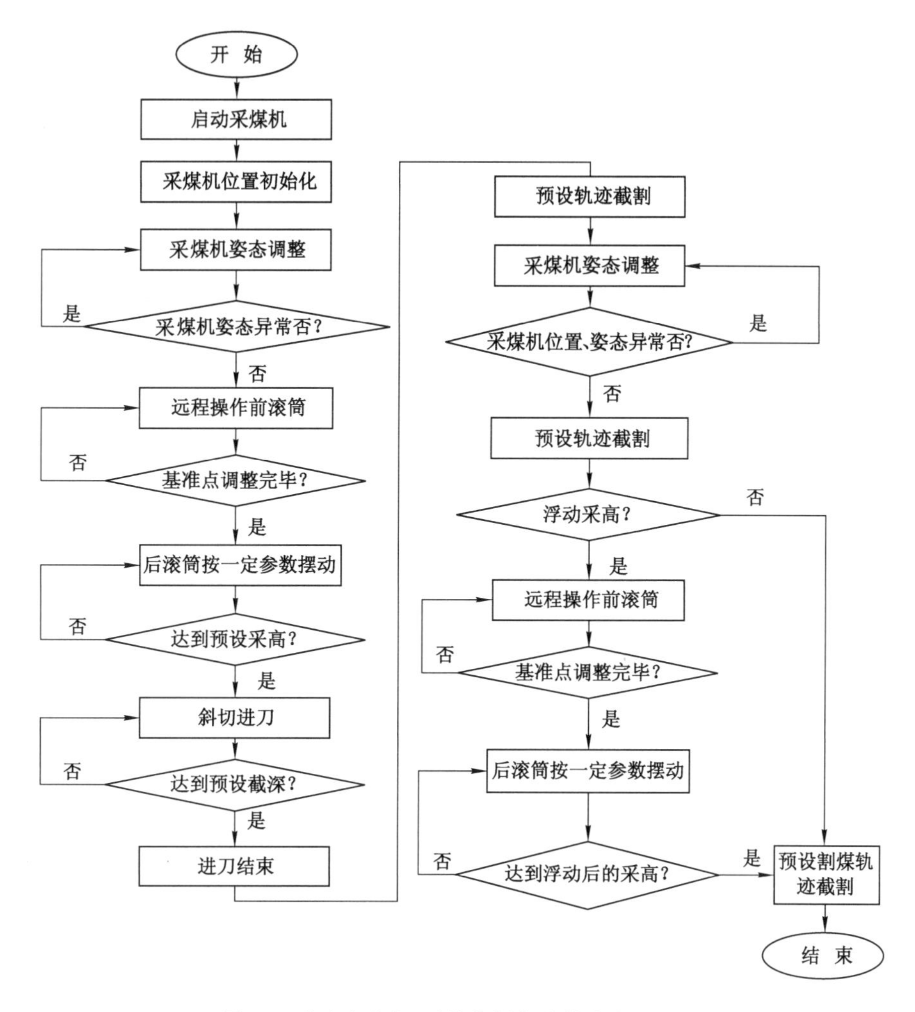

图 7-4 “浮动采高”预设截割轨迹技术实施流程

(3) 工业性试验

平禹矿区六矿五$_2$22120 工作面煤层厚度 0.8～1.8 m,平均煤厚 1.3 m,煤层厚度变化较大,属于不稳定薄煤层开采的范畴,工作面选择 MG200/456—WD 型滚筒采煤机,采煤机采高范围 1.1～2.4 m。为适应薄煤层综采工作面煤厚的变化规律,降低原煤含矸率,提高薄煤层自动化开采程度,工作面进行了“浮动采高”自动化割煤技术的工业性试验,采煤机按照预设的“浮动采高”截割轨迹进行自动化割煤,对实施前后薄煤层综采工作面原煤含矸率进行了实测统计,结果如图 7-5 所示。

现场工业性试验表明,利用薄煤层综采工作面“浮动采高”自动化割煤技术的平均原煤含矸率较实施前由 26.5%降低至 13.5%,降低了 13%,采煤机故障率约降低 20%,显著提高了薄煤层自动化开采的经济性与可靠性。

7.2.2 薄煤层地质构造带预设截割轨迹自动化综采工艺模式

地质构造区域采煤机截割轨迹的预设是实现薄煤层自动化开采的关键技术,基于工作面地质构造区域的超前勘探结果,对薄煤层工作面过地质构造带截割轨迹进行预设。为此,

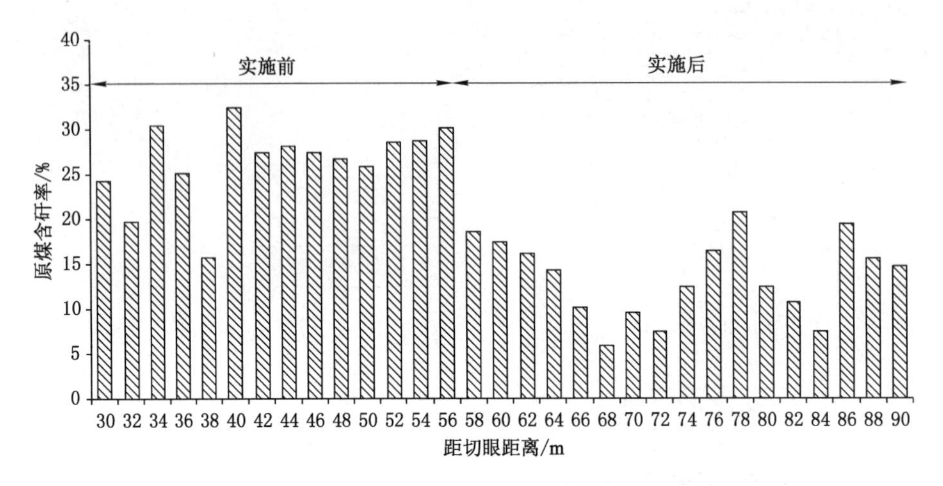

图 7-5 “浮动采高”预设截割轨迹技术实施效果

本书提出了基于电磁波 CT 超前勘探薄煤层地质构造带预设截割轨迹自动化综采工艺模式。

（1）电磁波 CT 探测技术

电磁波 CT 探测技术是根据观测数据对工作面内介质吸收电磁波的能力进行反演，实现工作面内部介质特征的立体成像，目前已广泛应用于井下工作面内的地质构造探测[93]。

以郭二庄矿 22402 薄煤层综采工作面实际条件为基础，进行电磁波 CT 探测技术的应用试验，22402 工作面主采 2 号煤层，煤层厚度 1.2～2.0 m，煤层结构简单，工作面掘进期间共揭露 22 条断层，落差 0.5～20 m，工作面断层发育，可能存在隐伏断层。为此，工作面开采前期，有必要采用电磁波 CT 探测技术揭示工作面前方断层构造的发育特征，为薄煤层工作面过构造带预设截割轨迹提供基础参数。

综合 22402 工作面煤层底板等高线、两巷揭露情况及 CT 层析成像结果，得到 22402 工作面 CT 探测成果图，如图 7-6 所示。

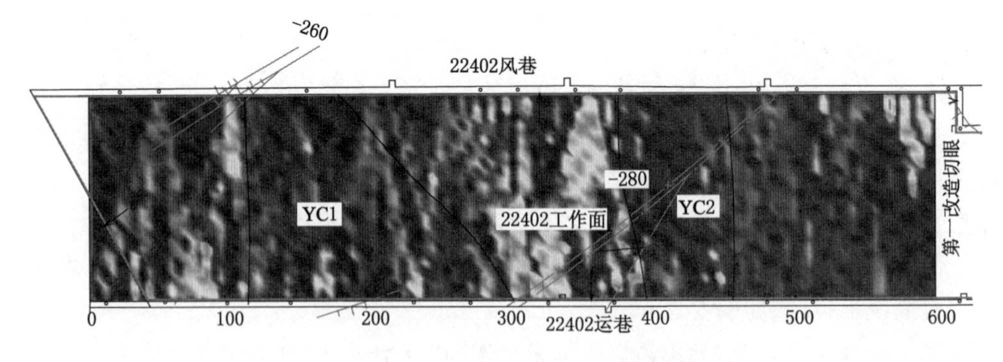

图 7-6 22402 工作面断层构造 CT 探测成果图

根据 CT 探测结果，22402 工作面探测区域存在两处地质异常区：YC1 为煤厚变化异常区，此处不再赘述；YC2 异常区域对应运输巷 400～450 m、回风巷 370～450 m 范围，异常区域呈现电磁波高吸收系数特征，煤层底板等高线投影曲线衰减剧烈，异常区域为断层构造带，断层落差为 3～5 m，倾角 70°，断层贯穿采煤工作面，对工作面回采会造成较大影响。

(2) 工作面过断层采煤机截割轨迹预设原理

利用电磁波 CT 探测技术得到的断层产状特征[101-103]，包括断层落差、断层倾角、断层范围等，以探测的断层参数为基础，如图 7-7 所示。

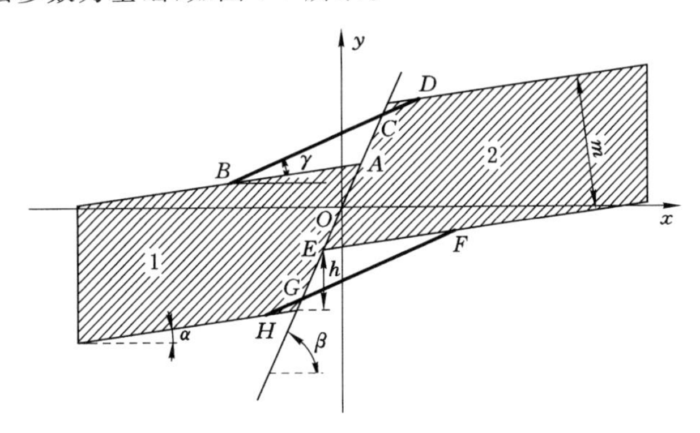

图 7-7 采煤机过断层最优截割轨迹示意图

1——断层上盘；2——断层下盘；α——煤层倾角；β——断层面倾角；

h——断层落差；O——平面直角坐标系原点；B，H——割煤轨迹起点；

D，F——割煤轨迹终点；A——断层上盘上表面与断层面交点；E——断层下盘下表面与断层面交点

以采煤机过断层割岩量最小为轨迹预设原则，断层区内采煤机截割轨迹预设即确定两个三角形(△ABC、△EFG)面积之和取最小值条件下采煤机截割轨迹[104]，由几何关系得到采煤机过断层区截割轨迹的数学表达式为：

直线 BD：

$$y = \tan\gamma \cdot x + \frac{m}{2\cos\gamma} \tag{7-1}$$

直线 FH：

$$y = \tan\gamma \cdot x - \frac{m}{2\cos\gamma} \tag{7-2}$$

式中 γ——过断层期间采煤机的最大仰角，(°)；

m——工作面煤层厚度，m。

(3) 工作面过褶皱采煤机截割轨迹预设原理

采用煤层槽波的基础数据作 CT 成像分析褶皱的产状，包括褶皱的底面半径、顶面半径、煤层厚度、圆弧长度、圆心角等，以探测的褶皱参数为基础条件，如图 7-8 所示。以采煤机过褶皱期间割岩量最小为截割轨迹预设原则，提出了工作面分段过褶皱采煤机截割轨迹预设技术，由几何关系可以计算得到工作面分段过褶皱时采煤机预设截割轨迹的数学表达式[105]为：

直线 AB：

$$y = a + m \tag{7-3}$$

直线 CD：

$$y = a \tag{7-4}$$

式中，m 为工作面煤层厚度，m；a 为一常数，由面积 S_1 和面积 S_2 相等时求得。面积 S_1 表达式为：

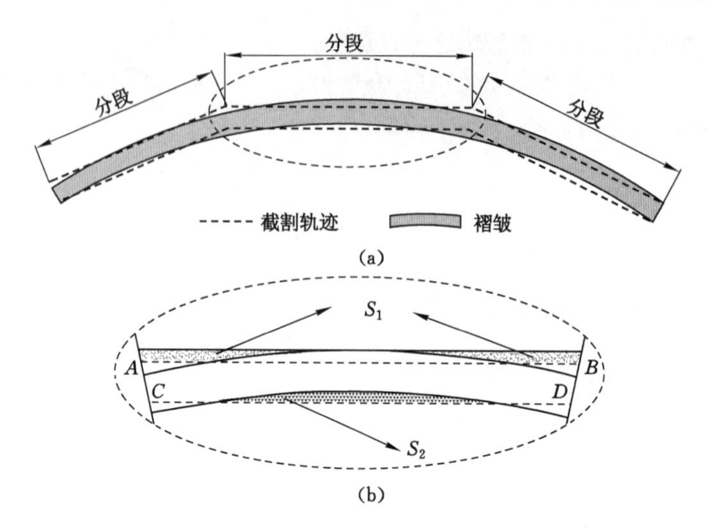

图 7-8 工作面分段过皱褶采煤机最优截割轨迹示意图

(a) 褶皱区内截割轨迹；(b) 分段内采煤机截割轨迹

$$S_1 = \frac{r_1^2 - (a+m)^2}{\cot\dfrac{\theta}{2}} - \arcsin\frac{\sqrt{r_1^2-(a+m)^2}}{r_1} \cdot r_1^2 + (a+m)\sqrt{r_1^2-(a+m)^2}$$

面积 S_2 表达式为：

$$S_2 = \arcsin\frac{\sqrt{r_2^2-a^2}}{r_2} \cdot r_2^2 - a\sqrt{r_2^2-a^2}$$

式中，r_1 为圆弧褶皱的顶面半径；r_2 为圆弧褶皱的底面半径；θ 为圆弧褶皱分段对应的圆心角，由 $\theta = \alpha/n$ 求得；α 为圆弧褶皱对应的圆心角；n 为工作面分段过褶皱时的分段数目。

(4) 薄煤层地质构造带截割轨迹预设实施思路

薄煤层地质构造带截割轨迹预设包括断层区域采煤机截割轨迹预设及褶皱区域采煤机截割轨迹预设两类，根据以上截割轨迹预设原则可以得出：构造区域采煤机截割轨迹预设实质是采煤机过构造区域切割岩石高度、层位的预设，通过采煤机位置、位态的反馈实时调节采煤机前后滚筒切割岩石的高度，以达到采煤机按照预定截割路线进行自动化切割。以薄煤层自动化综采工作面过正断层由上盘往下盘推进为例，构建了预设截割轨迹技术过构造带开采流程，如图 7-9 所示。

采煤机按照预设的截割轨迹过断层、褶皱构造区域，采煤机割岩量最小，可减少采煤机截齿磨损，为提高薄煤层自动化开采系统稳定性提供了良好的技术思路。

构造发育区预设轨迹截割技术实施前，选择采煤机前滚筒中心为基准点，作为采煤机定位的参考点，根据采煤机的结构特点及预设截割轨迹的参数，确定随采煤机位置变化采煤机前后滚筒的工作参数。预设轨迹实施过程中，通过参考采煤机行程传感器的反馈信息，对采煤机前后滚筒进行自动化控制。构造带截割轨迹预设的信息基础为超前探测揭露的构造带地质信息数字化模型，鉴于构造带位置工作面开采环境较为复杂的特点，通过利用可视化视频监控系统对采煤机前后滚筒的工况及开采环境进行实时监控，在一定程度上实现滚筒截割位置处的煤岩界面识别，为薄煤层综采工作面预设截割轨迹过构造带提供决策辅助。

复杂条件薄煤层预设截割轨迹自动化综采工艺模式扩大了薄煤层自动化综采工艺的适

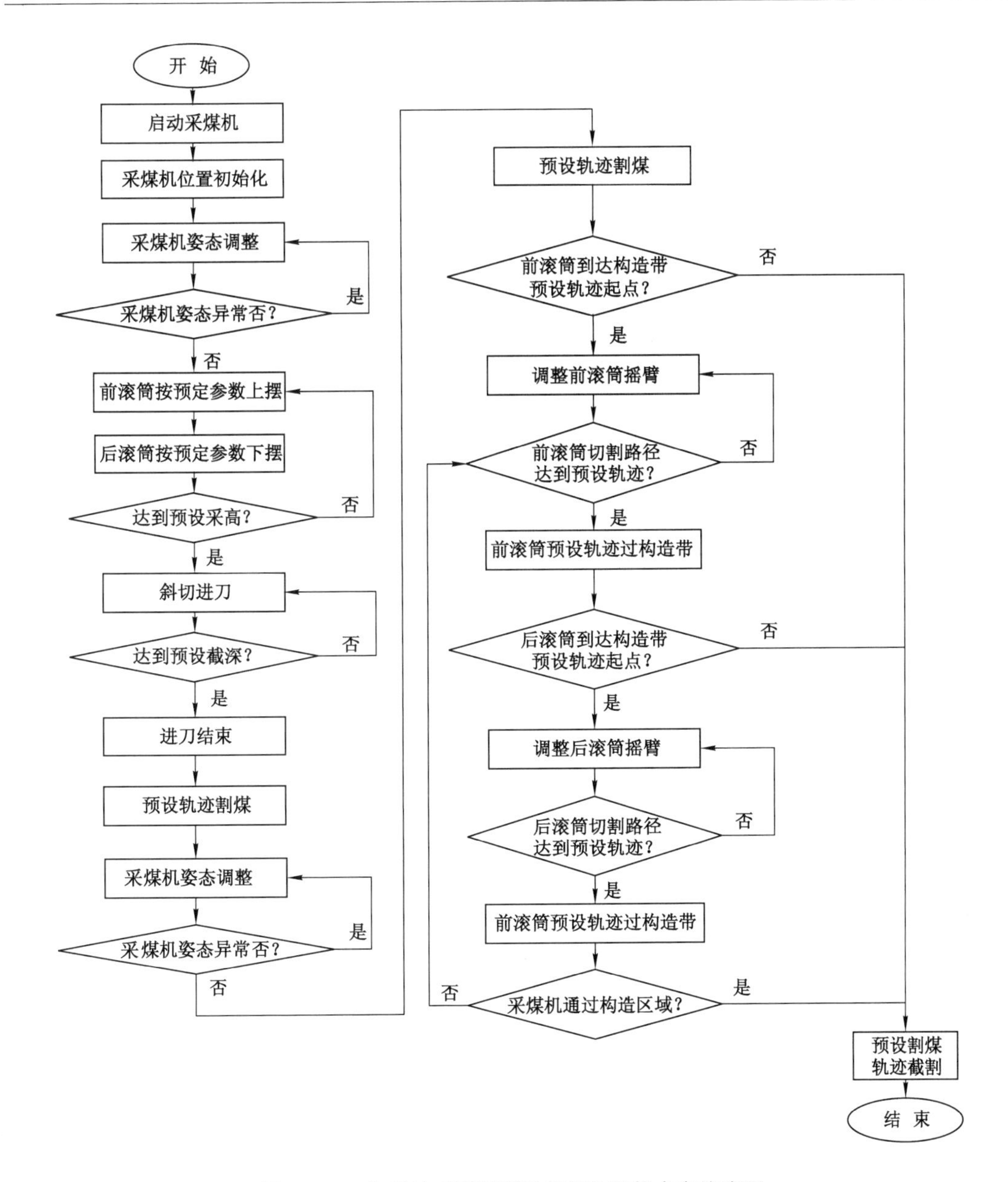

图 7-9 工作面过正断层预设截割轨迹技术实施流程

应性，丰富了薄煤层自动化综采工艺决策策略，完善了薄煤层综采工艺决策支持系统。

7.3 薄煤层智能化综采工艺模式

薄煤层智能化综采工艺模式属于更高级别的自动化开采模式，该种开采模式的技术成熟度相对较低，距离大范围的工业生产仍然还有一定的距离。

自动化工作面采煤机截割过程中，对于煤岩界面的识别不清会造成采煤机的截割电流、扭矩不稳等，增加采煤机故障率，严重影响自动化工作面开采系统的稳定性。目前，薄煤层智能化开采模式主要借助煤岩界面识别技术实施，通过煤岩界面的自动识别，实现采煤机滚筒在截割过程中的自动调高。

用于工作面煤岩界面识别的方法有很多种类，常见的有天然 γ 射线、电磁波、红外探测、雷达探测等[106]，但以上煤岩界面识别的方法大多停留在理论研究的层面，在薄煤层综采工作面的工程应用还不够成熟。本书提出了一种基于截割电流信号反馈煤岩界面识别的采煤机截割轨迹自适应调节思路，即在煤岩硬度差别较大的薄煤层综采工作面，通过监测采煤机截割电机电流，根据截割电流信号的强弱智能判断采煤机的截割状况，确立采煤机截割位置处的煤岩界面，进而对采煤机的截割轨迹进行自适应调节，调节策略如图 7-10 所示。

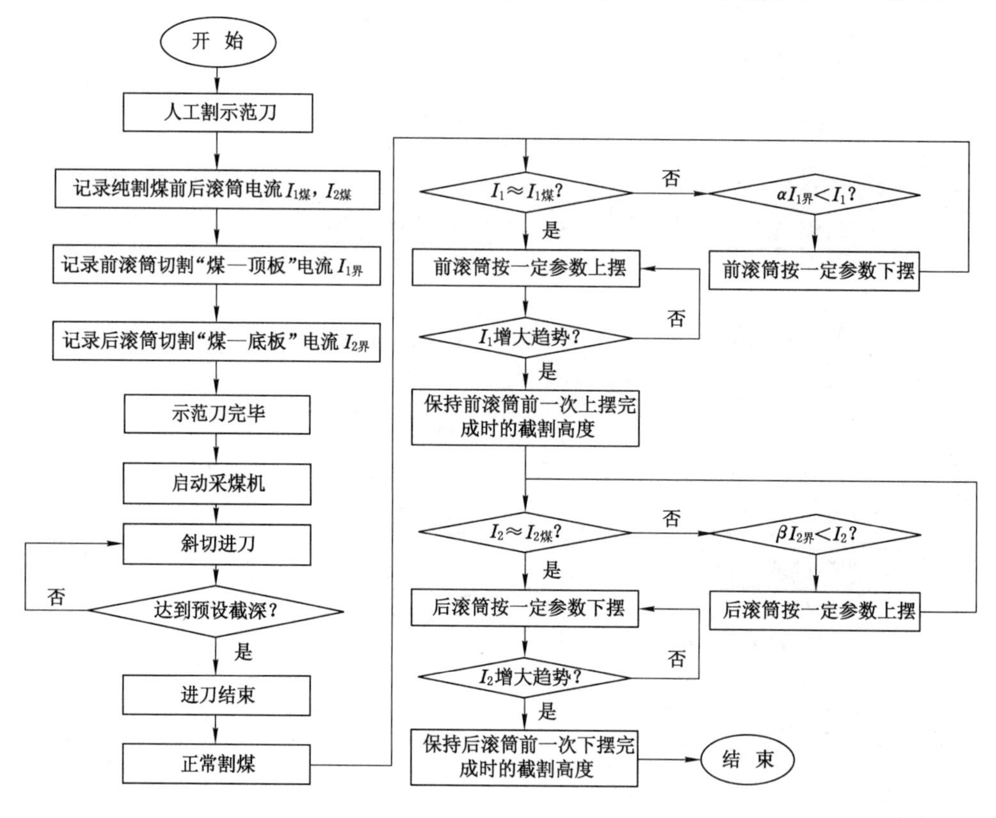

图 7-10　基于煤岩界面识别的采煤机截割轨迹自适应调节策略

(1) 人工操作采煤机割示范刀，截割“煤层—顶板”界面、“煤层—底板”界面及煤层，监测采煤机前滚筒截割“煤层—顶板”界面电流，记录为 $I_{1界}$，后滚筒截割“煤层—底板”界面电流，记录为 $I_{2界}$，前后滚筒纯割煤条件下截割电流分别为 $I_{1煤}$，$I_{2煤}$。

(2) 采煤机正常割煤期间，在采煤机前后滚筒各安装一台电流信号传感器用于监测与反馈采煤机截割电流。

(3) 根据采煤机前滚筒截割电流的监测结果，对采煤机前滚筒进行智能调节：当监测采煤机前滚筒截割电流约等于纯割煤电流 $I_{1煤}$ 时，且未发生明显的电流波动，按照一定的参数上摆前滚筒；当前滚筒截割电流稳定在 $I_{1煤}$ 且在上摆过程中截割电流未发生瞬时增大的现象，则继续上摆前滚筒，当截割电流出现瞬时增大或呈现增加的趋势时，则按照前一次上摆时的截割高度进行截割，结束截割滚筒的调节；当前滚筒截割电流大于 $\alpha I_{1界}$ 时，且存在明显的电流波动，认为采煤机前滚筒已截割到顶板岩层，按照一定的参数下摆前滚筒，其中，α 为依据煤层与顶板岩层的硬度预先设定的系数。

(4) 根据采煤机后滚筒截割电流的监测结果，对采煤机后滚筒进行智能调节：当监测采煤机后滚筒截割电流约等于纯割煤电流 $I_{2煤}$ 时，且未发生明显的电流波动，按照一定的参数下摆后滚筒；当后滚筒截割电流稳定在 $I_{2煤}$ 且在下摆过程中截割电流未发生瞬时增大的现象，则继续下摆后滚筒，当截割电流出现瞬时增大或呈现增加的趋势时，则按照前一次下摆时的截割高度进行截割，结束截割滚筒的调节；当后滚筒截割电流大于 $\beta I_{1界}$ 时，且存在明显的电流波动，认为采煤机后滚筒已截割到底板岩层，按照一定的参数上摆后滚筒，其中，β 为依据煤层与底板岩层的硬度预先设定的系数。

根据以上薄煤层自动化综采工艺模式的论述可以看出，工作面实际生产过程中，为提高自动化综采工作面开采系统的稳定性，只有与自动化移架技术、“三机”联动控制技术等自动化开采关键技术相互配合，才能充分发挥自动化开采的优势，实现薄煤层自动化工作面的安全高效开采。

7.4 薄煤层综采工作面自动化移架技术

自动化移架技术包含支架电液控制技术、支架位态监测监控技术及支架自动化对齐找直技术，自动化移架是通过电液控制系统实现的，薄煤层综采工作面的支架电液控制系统总控制框图如图 7-11 所示。电液控制系统由支架电液控制器、支架位移传感器、立柱压力传感器、采煤机位置定位传感器及隔爆本安型开关电源组成。

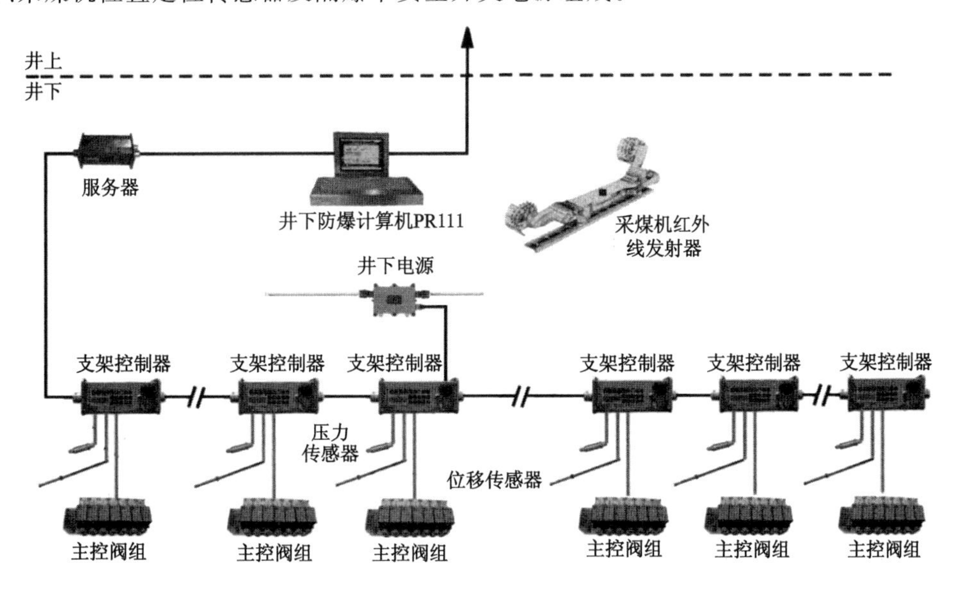

图 7-11 薄煤层综采工作面的支架电液控制系统框图

支架电液控制器：电液控制系统的核心部件，控制支架的各种动作，并获取支架的位移、压力及各种动作状态，同时具备从远程主机接收动作命令以及发送本机状态的功能，如图 7-12 所示。

图 7-12　液压支架电液控制器

支架电液控制器借助安装的各类传感器，实时采集液压支架位移、压力及采煤机位置等，并同时具备从远程主机接收动作命令以及发送本机状态的功能，集中控制中心的电液控制主机根据预设的移架程序进行有序移架，实现移架工序的自动化。

支架电液控制器能够实现的主要功能为：

(1) 邻架/隔架手动控制

邻架控制是指在本架即可以控制右边的支架，也可以控制左边的支架，但每次控制的支架只能是 1 架；隔架控制是指可以控制距离操作架一定范围的支架(最远间隔 10 架)，每次控制的支架也只能是 1 架；这里手动控制的含义并不是用手直接操作电磁先导阀，而是指用手操作控制器按键来实现对支架的控制，这里的手动是相对于程序自动动作而言的，动作执行时必须持续按着按键，松开按键，则动作停止。

(2) 邻架/隔架自动降—移—升控制

单架降—移—升自动控制的操作与邻架/隔架手动控制的操作类似，差别在于选定被控支架后，对于选定的降—移—升功能的执行不必一直按着动作键，只需按下键，支架的降—移—升动作即可自动执行完毕，并自动结束。

(3) 成组动作控制

成组控制的方式有两种，分为成组手动控制与成组自动顺序控制。成组手动控制的含义是组内支架同时开始动作，同时停止动作。成组自动顺序控制的含义是按照时间或者动作完成的顺序从组内首架开始自动执行动作。这里“手动”含义与邻架/隔架手动控制中手动的含义一致。“自动”含义是组内支架动作的执行不必一直按着动作键，只需按下键，组内支架即会自动执行直至动作完成。

(4) 自动补压操作

支架控制器在自动补压功能允许的情况下，实时检测支架立柱的下腔压力，以获取支架对顶板的支撑情况。在支撑过程中如因某种原因发生立柱下腔压力降落，并当压力降至某一设定的阈值时，系统会自动执行升柱动作，从而将立柱下腔压力补充到规定安全压力值以上，自动补压过程能够执行多次，以保证支护质量。

(5) 本架推溜操作

支架控制器提供一项本架推溜功能，允许在本架执行长达一定时间的本架自动推溜动作，直至到达推溜行程，并自动停止。

(6) 跟机自动化操作

空闲模式下按下跟机启动键,设置跟机参数,然后选择方向键,即选择跟机的方向,然后按下“启动”后,即可开始跟机操作。在跟机范围内任一支架控制器按下急停按钮或者启动键后,即可停止跟机操作,在跟机被暂停后,如果采煤机的位置在停止时的位置是一个有效的距离内允许再次按下启动键,恢复执行的跟机动作。如果距离不合法,则会警示用户恢复跟机失败,需要重新开始。

7.5 薄煤层综采工作面“三机”联动技术

“三机”联动控制技术包含割煤速度的自动调节技术、跟机自动化移架技术及跟机推移刮板输送机技术,与自动化割煤技术、自动化移架技术相融合,为自动化综采工艺模式的重要组成部分。

工作面生产过程的“三机”联动,即根据综采工艺、操作规程及综采设备技术参数,液压支架在保证安全距离前提下跟机进行支护、收伸护帮板,刮板输送机自动推溜和喷雾降尘等。综采“三机”联动控制系统的核心功能是通过对采煤机的位置和牵引方向进行监测,实现液压支架的自动收伸护帮板、自动移架及推溜控制。综上,“三机”协同控制包括以下内容:“三机”启停闭锁控制、液压支架跟机自动化以及采煤机牵引速度控制。

“三机”启停闭锁控制信息主要实现工作面设备的顺序启停、设备间闭锁功能。

液压支架跟机自动化即液压支架与采煤机的联动控制,由支架电液控制系统来实现,采煤机牵引截割煤时,液压支架根据检测到的采煤机位置进行收护帮板、降架、移架、升架、打护帮板等动作。根据移架行程以及立柱油液压力的检测,控制液压系统液压阀动作,顺利完成移架过程。

采煤机牵引速度控制即刮板输送机与采煤机的自适应控制,在综采过程中通过检测刮板输送机电机电流来实时分析刮板输送机负荷情况。当刮板输送机电机电流连续超过额定电流时,通过控制系统向采煤机输出过载信号并降低截割速度,减少割煤量;当电机电流连续低于设定电流时,通过控制系统向采煤机输出欠载信号并提高截割速度,增加割煤量,以使综采设备充分发挥工作效能。

“三机”联动控制系统主要解决采煤机、液压支架和刮板输送机三者之间的协调运作,控制系统的主要功能包括以下几个方面:

(1) 控制系统通过对“三机”联动相关参数进行检测采集,监测中心与“三机”实现信息的交互通信,通过“三机”联动控制器对工作面综采设备进行全面控制,完成顺序开机和顺序停机功能。

(2) 采煤机自动牵引截煤,将当前采煤机的位置、牵引速度和方向信息传递给控制系统,控制系统根据接收到的信息控制液压支架跟机自动收伸护帮板和前探梁,在采煤机后方自动降架、移架、升架及推溜等,支架的移架速度如果跟不上采煤机牵引速度,可以发出信号请求采煤机减速,实现液压支架跟机自动化,完成电液控制。

(3) 刮板输送机将其当前运输能力和负荷信息传递给控制系统,以此调整采煤机割煤速度。

(4) 实现系统连锁,工作面设备具有急停闭锁功能,工作面输送机与采煤机具有互锁功能,采煤机与喷雾泵具有联动功能。

基于以上“三机”协同控制系统的原理，建立了“三机”协同控制系统的控制模型，如图7-13所示。

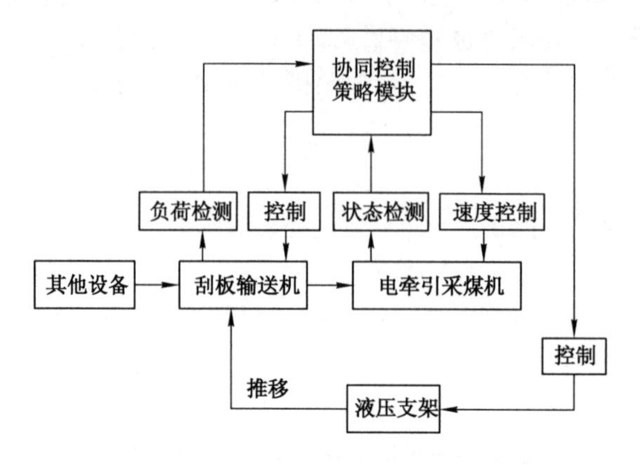

图 7-13 “三机”协同控制模型

(1)“三机”启停闭锁及液压支架跟机自动化控制策略

“三机”启停闭锁及液压支架跟机自动化控制均由时序控制策略完成。

“三机”设备在启动和停止顺序上存在闭锁关系，系统启动与停止顺序分别如图7-14和图7-15所示。单台设备的启停会受到其他设备的制约，只有满足给定的条件，才能执行该台设备的启停动作。如当前需要启动采煤机，系统首先检测刮板输送机是否处于开启状态，如果是，则允许采煤机开启；相反，若刮板输送机没有开启，则不允许开启采煤机，并通知工作人员先开启刮板输送机，如果刮板输送机未能正常启动，则提示故障报警。《煤矿安全规程》中严格规定综采设备的启停顺序，如果不按照规程执行，很可能会发生煤矿事故，造成不必要的损失。

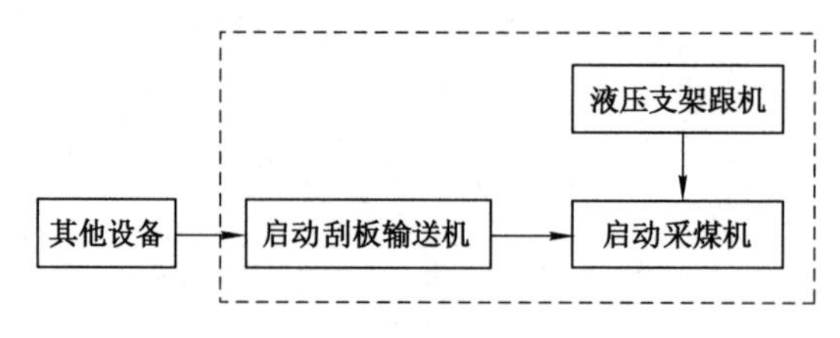

图 7-14 “三机”设备启动顺序

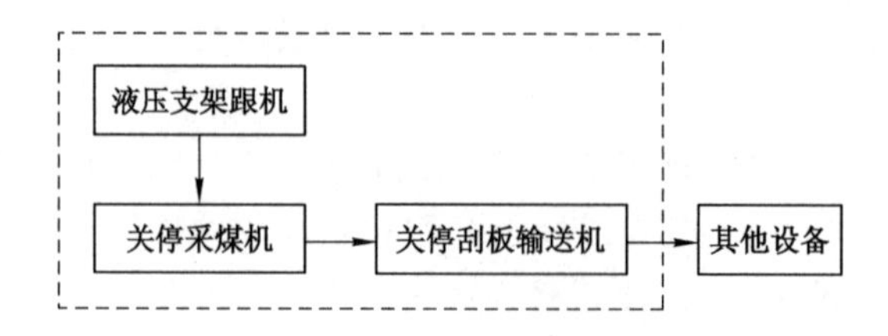

图 7-15 “三机”设备停止顺序

以采煤机端部斜切进刀及液压支架及时支护采煤工艺为例对“三机”协同控制的策略进行阐述，即按照采煤机行走割煤、液压支架移架支护、推溜三个设备动作构成综采的一个循环，这个循环过程也是液压支架自动跟机协同控制策略的基本思想。液压支架跟机自动化控制策略描述支架动作条件，主要根据采煤机当前位置与运行方向的监测结果，给出相应位置处的支架动作指令，完成液压支架的跟机自动化控制。

(2) 采煤机牵引速度控制策略

综采工作面的出煤量是基于“均衡出煤”原则，即要求刮板输送机基本工作在额定功率，但由于综采工作面情况特殊，落煤量的变化无规律可循，这就要求协同控制策略能够提供一种控制决策，通过调整采煤机的牵引速度来达到落煤均衡的目的。

刮板输送机要实现均衡出煤，需要采煤机的落煤量与刮板输送机的输送能力相匹配，而采煤机的落煤量在截割头功率、截割步距等参数一定的情况下只受采煤机牵引速度的影响：牵引速度越大，割煤速度越快，落煤量越多。因而，可以通过监测刮板输送机出煤量与负荷信息反馈调节采煤机的牵引速度，对落煤量进行控制，实现工作面的均衡出煤。

参 考 文 献

[1] 宋洪柱. 中国煤炭资源分布特征与勘查开发前景研究[D]. 北京：中国地质大学(北京)，2013.

[2] 郑欢. 中国煤炭产量峰值与煤炭资源可持续利用问题研究[D]. 成都：西南财经大学，2014.

[3] 李建民，耿清友，周志坡. 我国煤矿综采技术应用现状与发展[J]. 煤炭科学技术，2012(10)：55-60.

[4] Zhao T，Zhang Z，Tan Y，et al. An innovative approach to thin coal seam mining of complex geological conditions by pressure regulation[J]. International Journal of Rock Mechanics and Mining Sciences，2014(71)：249-257.

[5] 刘栋. 极薄煤层和薄煤层的采煤工艺[J]. 煤炭技术，2008(06)：66-67.

[6] 郭周克. 黄沙矿极薄煤层高效综采技术研究[D]. 北京：中国矿业大学(北京)，2013.

[7] Liu G B，Liu D C. Research on ways of high production and high-efficiency of thin coal seam[J]. Journal of Liaoning Technical University，2002，21(4)：531-533.

[8] Hai-peng Y. Study on efficient unmanned coal planer working platform mining technique[J]. Journal of Liaoning Technical University，2004(23)：250-252.

[9] 吕文玉. 薄煤层采煤方法优选与工作面长度优化研究[D]. 北京：中国矿业大学(北京)，2010.

[10] Wang F，Tu S，Bai Q. Practice and prospects of fully mechanized mining technology for thin coal seams in China[J]. Journal of the Southern African Institute of Mining and Metallurgy，2012，112(2)：161-170.

[11] 袁亮. 薄煤层开采技术与装备研究[J]. 煤矿开采，2011(03)：15-18.

[12] 屠世浩. 长壁综采系统分析的理论与实践[M]. 徐州：中国矿业大学出版社，2004.

[13] 郭玉辉，王赟. 浅谈薄煤层开采技术现状与发展趋势[J]. 煤矿开采，2012(01)：1-2.

[14] 翟新献，陈东海，郭红兵，等. 硬顶软煤薄煤层滚筒采煤机设备配套研究[J]. 煤矿机电，2009(03)：7-10.

[15] Sikora W. Innovations in scenarios of development of the mining mechanization in coal mining industry[J]. Gospodarka Surowcami Mineralnymi-Mineral Resources Management，2008，24(12)：71-88.

[16] 张世洪，周常飞. 薄煤层电牵引采煤机技术研究现状与发展趋势[J]. 煤矿机电，2013(01)：1-5.

[17] Zorychta A，Tor A，Plutecki J. Possibilities of thin seams mining in Polish collieries, on example of Jastrzebska Spolka Weglowa SA[J]. Gospodarka Surowcami Mineral-

nymi-Mineral Resources Management,2008,24(12):153-167.

[18] Boloz L. Unique project of single-cutting head longwall shearer used for thin coal seams exploitation[J]. Archives of Mining Sciences,2013,58(4):1057-1070.

[19] Liu A,Tu S,Wang F,et al. Numerical simulation of pressure relief rule of upper and lower protected coal-seam in thin-protective-seam mining[J]. Disaster Advances, 2013,6(5):16-25.

[20] 毛德兵,蓝航,徐刚.我国薄煤层综合机械化开采技术现状及其新进展[J].煤矿开采,2011(03):11-14.

[21] 魏永启,赵鹏,张玉柏.MG180/420-BWD型采煤机在薄煤层工作面中的应用[J].山东煤炭科技,2013(03):54-55.

[22] 杨怀敏.复杂地质条件下薄煤层综采技术的研究与实践[J].矿业研究与开发,2009(01):7-8.

[23] 钟耀华,谢文兵,谢小平,等.薄煤层保护层无煤柱煤与瓦斯共采技术研究[J].煤炭工程,2014(02):9-11.

[24] 袁亮,薛俊华.低透气性煤层群无煤柱煤与瓦斯共采关键技术[J].煤炭科学技术,2013(01):5-11.

[25] Jiang J,Qin G,Dai J,et al. Spalling and cutting mechanism of hard nodules in thin coal seam[M]. Advances in Intelligent Systems Research,2013:326-333.

[26] Tan Y L,Li W M,Miao S J,et al. Numerical simulation on the stress distribution of thin seam containing iron-sulfide-cores[J]. Applied Mechanics and Materials,2013,(316-317):799-802.

[27] 李来源,王方田.含硫化铁结核薄煤层综采设备合理配套及应用[J].山东煤炭科技,2010(02):98-99.

[28] 郭滨.MG150PW型极薄煤层采煤机的研制[J].煤炭技术,2000(05):1-2.

[29] 吕文玉.国内外薄煤层开采技术和设备的现状及其发展[J].中国矿业,2009,18(11):60-62.

[30] 梅宁.长壁刨煤机创薄煤层日产新纪录[J].建井技术,2013(2):6.

[31] 霍丙杰.复杂难采煤层评价方法与开采技术研究[D].阜新:辽宁工程技术大学,2011.

[32] 王平彦,梁振宁.薄煤层自动化刨煤机的配套与应用[J].煤矿机电,2010(01):90-92.

[33] 李清福."两硬"条件下薄煤层刨煤机开采工艺[J].中国煤炭,2007(06):46-47.

[34] 黄东风,郝胜礼,姜海雨.国产全自动化刨煤机在晓明矿的成功应用[J].中国标准导报,2012(08):33-35.

[35] 赵青春.连续采煤机开采"三下"压煤技术研究[J].煤炭与化工,2014(09):11-14.

[36] 梁大海.神东矿区连续采煤机开采工艺系统优化设计[J].煤炭科学技术,2010(12):47-49.

[37] 孟建新.连续运输系统在我国短壁机械化采煤中的应用与发展[J].煤矿机电,2003(5):43-45.

[38] 周茂普,曹胜根,江小军.缓倾斜煤层连续采煤机短壁开采工艺研究与应用[J].采矿与安全工程学报,2014(01):55-59.

[39] 周茂普,江小军. 国产短壁设备在东坡煤矿边角煤开采中的应用[J]. 矿山机械,2012(03):24-25.

[40] 温庆华. 薄煤层开采现状及发展趋势[J]. 煤炭工程,2009(03):60-61.

[41] Xu B,Zhang Y,Cheng M. An effective method for longwall automation in thin coal seam[C]. IEEE International Conference on Industrial Informatics INDIN,2012:565-569.

[42] 王金华,黄曾华. 中国煤矿智能开采科技创新与发展[J]. 煤炭科学技术,2014(09):1-6.

[43] Fan Q G,Li W,Luo C M. Error analysis and reduction for shearer positioning using the strapdown inertial navigation system[J]. International Journal of Computer Science Issues,2012,9(5):49-54.

[44] 张寅锋. 滚筒式采煤机运动轨迹跟踪及控制策略研究[D]. 杭州:浙江大学,2014:69-83.

[45] Sahoo R. Application of opto-tactile sensor in shearer machine design to recognise rock surfaces in underground coal mining[C]. Industrial Technology,2009. ICIT 2009. IEEE International Conference on. IEEE,2009:1-6.

[46] 沈谦,杨建奇,邓涛. 黄陵矿业自动化无人采煤每年省费用525万[EB/OL]. http://gongkong.ofweek.com/2014-05/ART-310058-8420-28831285.html.

[47] 田成金. 薄煤层自动化工作面关键技术现状与展望[J]. 煤炭科学技术,2011(08):83-86.

[48] Saluga P. Economic conditions satisfying efficient mining of thin coal seams[J]. Gospodarka Surowcami Mineralnymi-Mineral Resources Management,2008,24(24):175-187.

[49] 刘金平,姬长生,李辉. 定权灰色聚类分析在采煤方法评价中的应用[J]. 煤炭学报,2001(05):493-495.

[50] 张东升,张吉雄,张先尘. 工作面煤层地质条件开采工艺性的模糊综合评价[J]. 系统工程学报,2002(03):252-256.

[51] 张东升. 高产高效矿井开采模式的研究[D]. 徐州:中国矿业大学,1999.

[52] 蒋耀. 基于层次分析法(AHP)的区域可持续发展综合评价:以青浦区为例[J]. 上海交通大学学报,2009(04):566-571.

[53] 张能虎. 不规则边角煤块段机械化开采理论与实践研究[D]. 徐州:中国矿业大学,2011.

[54] Saaty T L. Decision making with the analytic hierarchy process[J]. International journal of services sciences,2008,1(1):83-98.

[55] 徐玖平,吴巍. 多属性决策的理论与方法[M]. 北京:清华大学出版社,2006.

[56] Yilmaz B,Dagdeviren M. A combined approach for equipment selection:F-promethee method and zero-one goal programming[J]. Expert Systems with Applications,2011,38(9):11641-11650.

[57] 朱川曲,缪协兴,肖红飞. 神经网络方法在综放工作面的应用[J]. 煤炭学报,2001(03):

249-252.
[58] Huu-Tho N,Dawal S Z M,Nukman Y,et al. A hybrid approach for fuzzy multi-attribute decision making in machine tool selection with consideration of the interactions of attributes[J]. Expert Systems with Applications,2014,41(6):3078-3090.
[59] Guray C,Celebi N,Atalay V,et al. Ore-age: a hybrid system for assisting and teaching mining method selection[J]. Expert Systems with Applications, 2003, 24 (3): 261-271.
[60] Alpay S,Yavuz M. Underground mining method selection by decision making tools [J]. Tunnelling and Underground Space Technology,2009,24(2):173-184.
[61] Saaty T L. What is the analytic hierarchy process? [M]. Springer,1988.
[62] Ataei M,Shahsavany H,Mikaeil R. Monte Carlo Analytic Hierarchy Process (MAHP) approach to selection of optimum mining method[J]. International Journal of Mining Science and Technology,2013,23(4):573-578.
[63] 金星,洪延姬. 系统可靠性评定方法[M]. 北京:国防工业出版社,2005.
[64] 刘英平,高新陵,沈祖诒. 基于改进层次分析法的绿色产品评价方法研究[J]. 机械设计与研究,2005(04):9-12.
[65] Zhang B,Li A. Automated technology research on fully mechanized mining of thin coal seams[C]. Advanced Materials Research,2013:1453-1457.
[66] Shang D,Zhao J,Liu N,et al. Research on kinematics joint type mobile robot platform for thin coal seam inspection[C]. Applied Mechanics and Materials,2014:818-821.
[67] Ralston J,Reid D,Hargrave C,et al. Sensing for advancing mining automation capability: A review of underground automation technology development[J]. International Journal of Mining Science and Technology,2014,24(3):305-310.
[68] Wang C,Tu S. Selection of an appropriate mechanized mining technical process for thin coal seam mining[J]. Mathematical Problems in Engineering,2015(893232).
[69] 张德丰. MATLAB 神经网络应用设计[M]. 北京:机械工业出版社,2009.
[70] 冯定. 神经网络专家系统[M]. 北京:科学出版社,2006.
[71] 陈魏. 基于神经网络的煤矿安全综合评价模型研究[D]. 北京:首都经济贸易大学,2010.
[72] 郭庆春,何振芳,李力. 基于 BP 神经网络的粮食产量预测模型[J]. 湖南农业科学,2011(17):136-138.
[73] 杨茜. BP 神经网络预测方法的改进及其在隧道长期沉降预测中的应用[J]. 北京工业大学学报,2011(01):92-97.
[74] Saito K,Nakano R. Extracting regression rules from neural networks[J]. Neural Networks,2002,15(10):1279-1288.
[75] 黄辉宇,李从东. 基于人工神经网络的煤矿安全评估模型研究[J]. 工业工程,2007(01):112-115.
[76] 张立俊,张乐. 薄煤层综采工艺适应性的综合评价[J]. 煤炭科学技术,2006(06):43-45.

[77] Yefremov A A. New operations on fuzzy numbers and intervals[C]. 2014 International Conference on Mechanical Engineering, Automation and Control Systems(MEACS), 2015.
[78] Bilsel R U, Büyüközkan G, Ruan D. A fuzzy preference-ranking model for a quality evaluation of hospital web sites[J]. International Journal of Intelligent Systems, 2006, 21(11): 1181-1197.
[79] Yager R R. A procedure for ordering fuzzy subsets of the unit interval[J]. Information sciences, 1981, 24(2): 143-161.
[80] 张幼蒂,李新春,韩万林. 综合集成化人工智能技术及其矿业应用[M]. 徐州:中国矿业大学出版社,2004.
[81] 汪德强. 基于遗传算法的地下金属矿山设备选型与配置[D]. 昆明:昆明理工大学,2012.
[82] 汤可宗. 遗传算法与粒子群优化算法的改进及应用研究[D]. 南京:南京理工大学,2011.
[83] 王晓东,刘全利,王伟,等. 改进的专家系统及其在钢卷装炉优化组合中的应用[J]. 山东大学学报(工学版),2005(03):20-23.
[84] 徐贵旭. 综采工作面设备配套选型专家系统数据库的研究[D]. 太原:太原理工大学,2012.
[85] 彭义健. 船舶低速机推进系统数据库及软件开发[D]. 大连:大连理工大学,2011.
[86] 李欣. 自适应遗传算法的改进与研究[D]. 南京:南京信息工程大学,2008.
[87] 周逛. 煤矿综采工作面设备配套选型专家系统研究[D]. 太原:太原理工大学,2011.
[88] 方春慧. 综放工作面设备配套与专家系统技术研究[D]. 青岛:山东科技大学,2009.
[89] 肖国强. 露天煤矿车铲选型与匹配方法研究与应用[D]. 徐州:中国矿业大学,2014.
[90] 朱真才,韩振铎. 采掘机械与液压传动[M]. 徐州:中国矿业大学出版社,2005.
[91] 魏凤,金华旺,张桂新. 基于熵值法和层次分析法的新型农村合作医疗制度保障能力综合评价——以陕西省宝鸡地区为例[J]. 华中农业大学学报(社会科学版),2012(04):34-38.
[92] 王虹. 综采工作面智能化关键技术研究现状与发展方向[J]. 煤炭科学技术,2014,42(1):60-64.
[93] 宋先海,李端有,廖勇龙,等. 基于电磁波 CT 技术的复杂地质异常探测[J]. 资源环境与工程,2008(S1):230-232.
[94] 王德明. 矿井通风与安全[M]. 徐州:中国矿业大学出版社,2007.
[95] 方新秋. 薄煤层无人工作面煤与瓦斯共采关键技术[M]. 徐州:中国矿业大学出版社,2013.
[96] 方新秋,张雪峰. 无人工作面开采关键技术[C]. 中国煤炭学会开采专业委员会 2006 年学术年会,2006.
[97] 师旭. 煤矿井下巷道槽波超前探测技术研究[D]. 徐州:中国矿业大学,2014.
[98] 杨真. 基于 ISS 的薄煤层采空边界探测理论与试验研究[D]. 徐州:中国矿业大学,2009.
[99] 周官群,刘盛东,郭立全,等. 采煤工作面地质异常体震波 CT 探测技术[J]. 煤炭科学

技术,2007(04):37-40.

[100] 魏建强.不稳定薄煤层开采原煤综合减矸技术[J].能源与节能,2015(08):132-133.

[101] 张平松,刘盛东.断层构造在矿井工作面震波CT反演中的特征显现[J].煤炭学报,2006(01):35-39.

[102] 张平松,刘盛东,李培根.煤矿井巷间地质构造及其异常多波联合探测技术与应用[J].地球物理学进展,2007(02):598-603.

[103] 孙茂锐,王双六.电磁波CT二维与三维成像应用[J].物探与化探,2015(03):641-645.

[104] 屠世浩,袁永,李召鑫.一种确定断层区采煤机自动割煤轨迹的方法:中国,CN102877845A[P].2013-01-16.

[105] 屠世浩,袁永,李召鑫.一种确定工作面过圆弧褶皱采煤机自动割煤轨迹的方法:中国,CN102797463A[P].2012-11-28.

[106] 任芳.基于多传感器数据融合技术的煤岩界面识别的理论与方法研究[D].太原:太原理工大学,2003.